Symbole im Mathetiger:

Anhand dieser Symbole erkennst du sofort die Art der Aufgabe:

1 – Diese Aufgaben entsprechen dem **Anforderungsniveau I** (Grundwissen).

1 (gelber Ring) – Die Aufgaben mit gelbem Ring entsprechen dem **Anforderungsniveau II** (Erkennen und Nutzen von Zusammenhängen).

1 (Königstiger) – Die Aufgaben mit dem Königstiger entsprechen dem **Anforderungsniveau III** (Entwickeln von Strategien, Verallgemeinern).

1 (Sprechblase) – Bei der Sprechblase kannst du gemeinsam mit anderen in einer **Rechenkonferenz** nachdenken.

Beim **Denktiger** darfst du selbst Aufgaben erfinden.

Bei diesen Aufgaben werden **Grundfertigkeiten** wiederholt und vertieft.

Diese Symbole bedeuten, dass du das Internet zu Hilfe nehmen kannst:

Zu dieser Seite findest du im Internet unter **www.mathetiger-4.de** weitere passende Aufgaben, die du lösen kannst.

Zu dieser Seite findest du im Internet unter **www.mathetiger-4.de** Aufgaben, die du für andere Schüler erstellen kannst.

Der Tigerflieger zeigt dir, mit welchem Teil der dem Buch beiliegenden CD-ROM Mathetiger Basic 4 du arbeiten kannst:

Grollmen
(Zahlvorstellung aufbauen)

Spedition MaGet
(Einmaleinsreihen)

Zoras Zauberzeichen
(Flexibles Rechnen)

Rechenmeister
(Kopfrechnen)

Papagei Frido
(Uhrzeiger einstellen)

Raketenflieger
(Orientieren am Zahlenstrahl)

MATHETIGER

Autoren:

Matthias Heidenreich

Martina Kinkel-Craciunescu

Thomas Laubis

Eva Schnitzer

Beratende Mitarbeit:

Andrea Joosz

Alexandra Peters

Mildenberger Verlag

Zum Mathetiger 4 gehören:

1. **Schülerbuch, 120 S., mit CD-ROM Mathetiger Basic 4, Internetplattform www.mathetiger-4.de** — **Bestell-Nr. 4505-60**
2. **8 Arbeitsbeilagen (gesondert lieferbar)** — **Bestell-Nr. 4505-62**
   Beilage 1: Flaggen
   Beilage 2: Symbolkärtchen
   Beilage 3: Stellenwerttabelle
   Beilage 4: Legespiel und Plättchen
   Beilage 5: Kartenspiel mit Größen
   Beilage 6: Legespiel mit Brüchen
   Beilage 7: Merkblatt 1 und 2
   Beilage 8: Merkblatt 3 und 4
3. **Handbuch (Teil A)** — **Bestell-Nr. 4505-63**
   im Ordner mit Register für alle Teile des Lehrgangs,
   Konzeption, Jahresplanung, Wochenplan, Organisation
   Schülerbuch mit Vorschlägen zur Umsetzung im Unterricht
4. **Handbuch (Teil B)** — **Bestell-Nr. 4505-64**
   8 Lernkontrollen (jeweils zwei Formen) und Förderaufgaben zu den Lernkontrollen, inkl. Lösungen, Kopiervorlagen, 8 Lerntheken mit je 8 Angeboten (inkl. Lösungen), Lösungen zu Tiger-Trainer und Schülerbuch

   Teil B des Handbuches ist zur Einlage in den Ordner (Teil A) bestimmt.
5. **Tiger-Trainer**
   Arbeitsheft zur Festigung und zum produktiven Üben — **Bestell-Nr. 4505-66**
   Arbeitsheft zur Festigung und zum produktiven Üben, mit Mathetiger Basic 4 (identisch mit der dem Schülerbuch beiliegenden CD-ROM) — **Bestell-Nr. 4505-69**
6. **Transparentfolien**, vierf., Ringb., inkl. PDF der Folien auf CD — **Bestell-Nr. 4505-65**

Falls Sie Fragen haben, können Sie die Autoren über info@mathetiger.de erreichen.

Unter **www.mathetiger-4.de** finden Sie Links mit weiterführenden Informationen.

Bestell-Nr. 4505-60
ISBN 978-3-619-45560-7

Internetadresse: www.mildenberger-verlag.de
E-Mail: info@mildenberger-verlag.de

Auflage 4 3 2 1
Jahr 2016 2015 2014 2013

Layout und Illustrationen:
Judith Heusch, 79362 Forchheim

Umschlaggestaltung und Fotos:
Karlheinz Arian Kolster, 79822 Titisee-Neustadt

Druck: Himmer AG Druckerei, 86167 Augsburg

Gedruckt auf umweltfreundlichen Papieren

Bildquellenverzeichnis

Seite 5: *Würfel* © Fotostudio Heuser, Singen
Seite 15: *Mercedes Benz 240 D* © Daimler Chrysler AG, Stuttgart; *Playing kids* © Alena Ozerova/ Fotolia.com; *Knotenameisen* © Karl Gottfried Vock/OKAPIA; *WODAN* © Europa-Park
Seite 28: *Sumo-Ringer* © avenue-images; *Lastkran* © Liebherr-Werke, Ehingen; *Flugzeug, Dinosaurier* © mauritius images/Wolfgang Filser; *Erde* © mauritius images/Detlev van Ravenswaay; *Eiffelturm* © Marcito/Fotolia.com
Seite 39: *Bild mit Geraden und Kreisen* © Saskia Keller, Stühlingen
Seite 46: *Dresden,* © Blume Bild, Celle; *Stuttgart* © Your Photo Today/FGT; *Düsseldorf* © Your Photo Today/EAH; *Magdeburg* © Your Photo Today/HJW; *Berlin* © Your Photo Today/YPT
Seite 51: *Drei Frauen* © Dietmar Noeske, Stühlingen
Seite 53: *Bauklötze* © Fotostudio Heuser, Singen
Seite 62: *Kinder beim Wasserholen in Mali* © Bildagentur Geduldig/Langohr
Seite 84: *Vasarely, Victor/Vega Album © VG-Bild-Kunst, Bonn 2013; Kreise in Bewegung © Marianne Hähnsen; Alfred Dürer, Selbstportrait 1498* © Wikimedia Commons, Standard-Linzenz, gemeinfrei
Seite 87: *Plan von Schleusingen* © Geographische Verlagsges. gmbH, München; *Straßenkarte von Schleusingen* © CartoTravel Verwaltungs GmbH, Berlin
Seite 90: *Skat Damen, Skat Könige* © Bergfee/Fotolia.com
Seite 94: *Mini-Marathon* © Michael Neubert, Freier Journalist, Eberwiesenstr. 33, 79787 Lauchringen
Seite 97: *Glücksrad/Kreisel* © Fotostudio Heuser, Singen
Seite 108: *Carl Friedrich Gauß* © akg-images, Berlin
Seite 109: *Biogasanlage* © Martina Nolte/Wikimedia Commons; *Windkraftanlagen* © Norbert Weiß/pixelio.de; *Wasserkraftanlage* © Hilke Wagner, Freiburg
Seite 110: *Wappen* © Edelgrau, Neubörger
Seite 111: *Brockenwanderung* © Elisabeth Rawald/Fotolia.com; *Cyclotourisme* © Philippe Devanne/ Fotolia.com; *Kanutour* © Frank Luger/Die Piratenherberge; Erlebnis-Reich Besi
Seite 113: *Samuel Morse, Morseapparat* © akg-images, Berlin
Seite 114/115: *Klostergang* © Foto Moser-Kamm, CH-Bussnang; *Kirchenfenster* © Kloster Bebenhausen; *Fußbodenfliese* © Stone Watch, Warmsroth

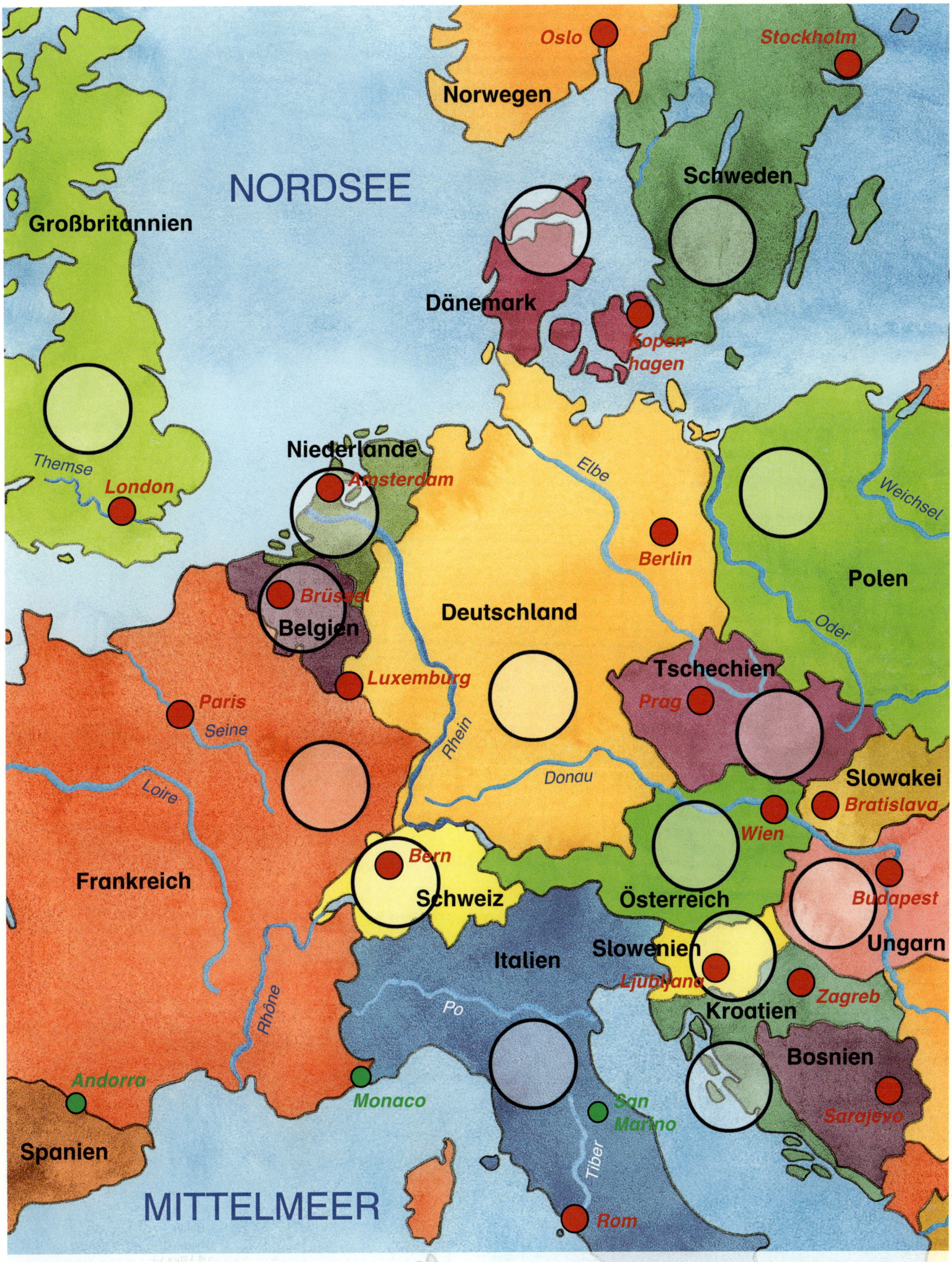

Würfelspiel für 2 bis 4 Spieler

Vorbereitung

Legt auf jedes Land mit einem Kreis eine beliebige Länderzahl und legt die Flaggen auf den Tisch (Beilage 1).

Spielregel

Würfelt mit drei Würfeln und rechnet. Alle Rechenarten sind erlaubt. Wer eine Länderzahl erreicht, darf sich die Flagge des Landes nehmen. Wer am Ende die meisten Flaggen hat, ist Sieger.

① Finde die Zahlenpaare, die addiert eine Hunderterzahl ergeben.
Wie kannst du das schnell herausfinden? Kontrolliere mit einer Rechnung.

② Es gibt viele Möglichkeiten, Zahlen zu addieren. Erklärt die Rechenwege.
Welche Möglichkeiten kennt ihr noch?

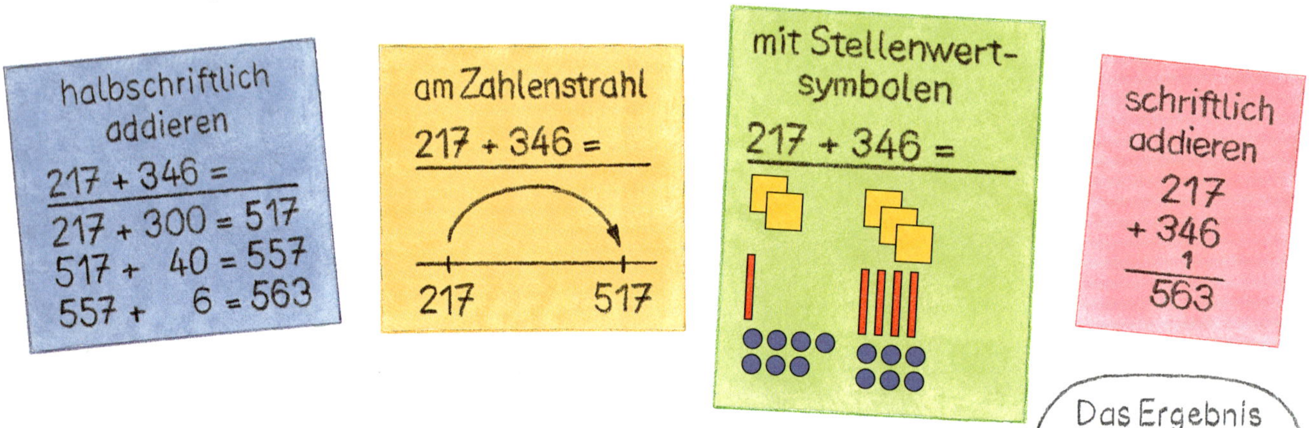

Wähle für jede Aufgabe einen geeigneten Rechenweg.

③	④	⑤	⑥
340 + 520	278 + 190	506 + 308	345 + 278 + 24
715 + 175	621 + 346	169 + 391	114 + 637 + 192
296 + 408	888 + 74	413 + 587	91 + 422 + 377

Übe das schriftliche Addieren.

⑦ 247 + 551
⑧ 190 + 676
⑨ 45 + 296
⑩ 391 + 210
⑪ 36 + 305 + 641
⑫ 429 + 370 + 123
⑬ 304 + 281 + 193
⑭ 635 + 69 + 276
⑮ 203 + 65 + 364 + 196
⑯ 48 + 249 + 350 + 251
⑰ 149 + 212 + 357 + 4
⑱ 609 + 340 + 8 + 43

⑲ Finde die fehlenden Ziffern.
Kontrolliere mit einem anderen Rechenweg.

```
  🐾 6 8      5 🐾 9      2 7 8
+ 4 9 🐾   + 🐾 5 🐾   + 3 🐾 6
  8 🐾 5      8 6 7     🐾 5 🐾
```

⑳ In Salem gibt es drei Grundschulen: die Fritz-Bauer-Schule (207 Schüler), die Grundschule Beuren (75 Schüler) und die Hermann-Auer-Schule (96 Schüler). Insgesamt sind es 18 Jungen mehr als Mädchen.

Die Lösungszahlen dienen zur Selbstkontrolle der Aufgaben 7 bis 18.

Hier sind einige Möglichkeiten zum Subtrahieren dargestellt.

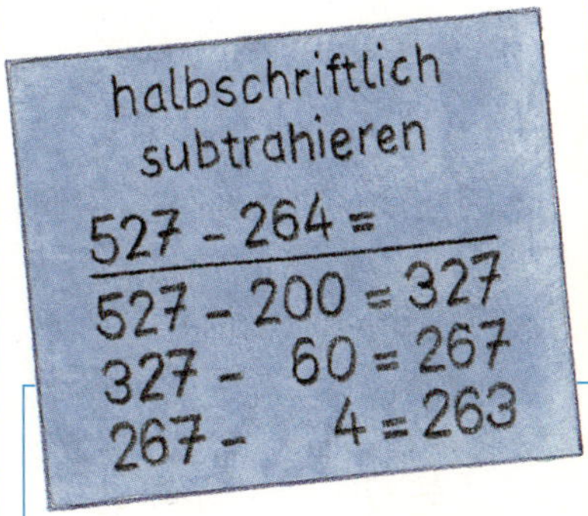

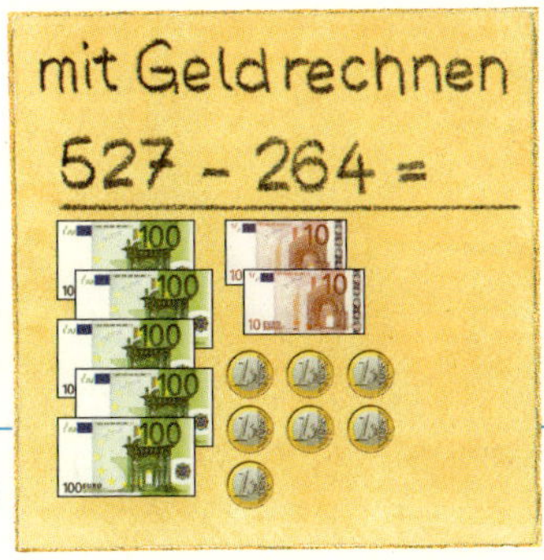

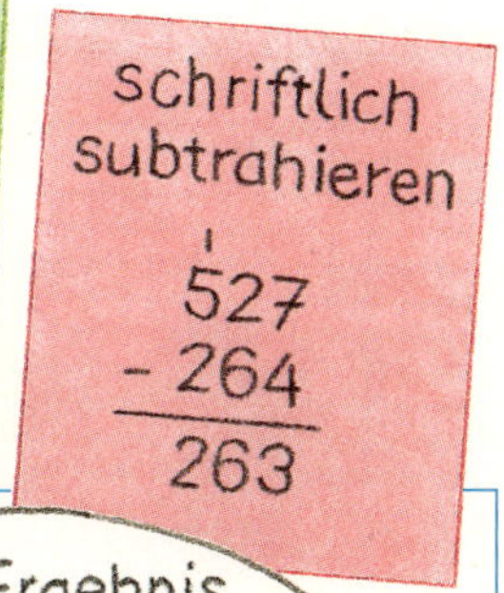

(1) Subtrahiere 264 von 527. Stelle deinen Rechenweg vor.

Wähle für jede Aufgabe einen geeigneten Rechenweg.

(2) 560 – 200
695 – 245
930 – 505

(3) 481 – 209
704 – 107
355 – 280

(4) 834 – 217
972 – 484
625 – 578

Übe das schriftliche Subtrahieren.

(5) 459 – 285
(6) 934 – 716
(7) 389 – 273
(8) 707 – 601

(9) 567 – 483
(10) 895 – 529
(11) 914 – 372
(12) 666 – 197

(13) 831 – 342
(14) 784 – 296
(15) 444 – 188
(16) 777 – 399

Lösungszahlen

84	218	469
106	256	488
116	366	489
174	378	542

(17) Finde die fehlenden Ziffern.
Kontrolliere mit einem anderen Rechenweg.

7 4 🐾	8 🐾 3	9 🐾 🐾
– 3 🐾 1	– 5 7 🐾	– 🐾 8 5
🐾 9 8	🐾 3 7	4 3 5

(18) Karl hat genau 713 € gespart.
Am Samstag möchte er ins Fahrradgeschäft gehen und sich das Mountainbike für 597 € kaufen.

Partnerspiel

(19) Jeder hat eine Stellenwerttabelle zur Subtraktion. Abwechselnd wird mit dem Zehnerwürfel gewürfelt und die Ziffer an einer grauen Stelle in die Stellenwerttabelle eingetragen. (10 wird 0, ♕ ist freie Wahl) Nun subtrahiert jeder. Wer die kleinere Differenz hat ist Sieger. Überlegt, wie ihr die Ziffern am besten eintragt.

	H	Z	E
–			

Ergebniszahlen von Einmaleinsaufgaben					
4	6	8	9	10	12
14	15	16	18	20	21
24	25	27	28	30	32
35	36	40	42	45	48
49	50	54	56	60	63
64	70	72	80	81	90

Partnerarbeit

(1) Nenne deinem Partner eine Zahl aus der Tabelle.
Er soll dazu eine passende Einmaleinsaufgabe finden.
Dann wird gewechselt.

(2) Suche in der Tabelle mindestens 5 Zahlen, zu denen es mehrere Einmaleinsaufgaben gibt (ohne Tauschaufgaben) und schreibe sie in dein Heft.

(3)	(4)	(5)	(6)	(7)	(8)
3 · 6 =	5 · 9 =	8 · 4 =	5 · 4 =	7 · 3 =	9 · 6 =
3 · 10 =	5 · 10 =	8 · 10 =	10 · 4 =	10 · 3 =	10 · 6 =
3 · 16 =	5 · 19 =	8 · 14 =	15 · 4 =	17 · 3 =	19 · 6 =
3 · 60 =	5 · 90 =	8 · 40 =	50 · 4 =	70 · 3 =	90 · 6 =
3 · 66 =	5 · 99 =	8 · 44 =	55 · 4 =	77 · 3 =	99 · 6 =

Fülle die Tabellen geschickt aus.
Welche Einmaleinsreihe passt jeweils dazu?

(9)

Autos	1	2	5	8	10	12	15	18
Reifen	4							

(10)

Wochen	1	3	6	9		13	16	19
Tage		21			70			

(11)

Packungen	1	2	4	8	10	12	16	20
Bälle				48				

Finde Fragen und rechne.

(12) In einer Kiste Mineralwasser sind 12 Flaschen. Familie Schnitzer braucht jeden Monat etwa 8 Kisten.

(13) Für die Zirkusvorstellung zahlen Erwachsene 16 €, Kinder zahlen halb so viel. Die Familien Asal und Braun (4 Erwachsene, 5 Kinder) besuchen die Nachmittagsvorstellung.

(14)	(15)	(16)	(17)	(18)	(19)
4 · 60 =	70 · 3 =	5 · 15 =	18 · 3 =	7 · 45 =	54 · 4 =
2 · 80 =	40 · 8 =	8 · 13 =	12 · 6 =	3 · 82 =	26 · 8 =
7 · 50 =	90 · 6 =	4 · 19 =	14 · 9 =	6 · 67 =	38 · 9 =
9 · 40 =	20 · 4 =	7 · 18 =	16 · 8 =	5 · 79 =	97 · 6 =

(1) Maria vergleicht die Preise der Armbänder. Sie überlegt, wie teuer jeweils eines der Armbänder ist. Findet Möglichkeiten, die Einzelpreise zu berechnen.

(2) 21 : 7 =	(3) 72 : 8 =	(4) 40 : 5 =	(5) 54 : 9 =	(6) 49 : 7 =
210 : 7 =	720 : 8 =	400 : 5 =	540 : 9 =	490 : 7 =
231 : 7 =	792 : 8 =	440 : 5 =	594 : 9 =	539 : 7 =

(7) Erfinde weitere solche Aufgabenreihen.

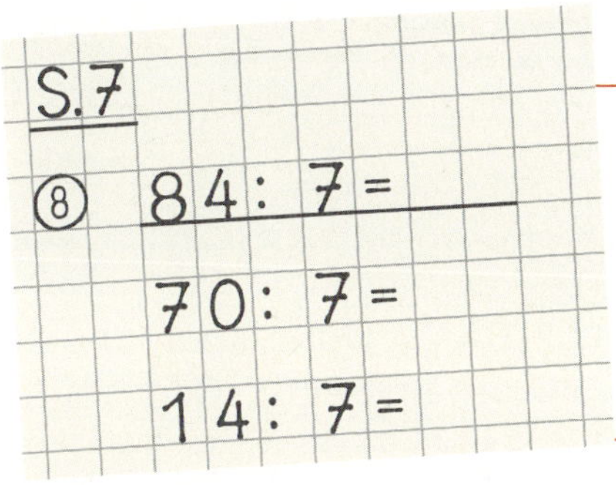

(8) 84 : 7 =	(12) 102 : 6 =	(16) 135 : 5 =
(9) 144 : 8 =	(13) 85 : 5 =	(17) 184 : 8 =
(10) 64 : 4 =	(14) 98 : 7 =	(18) 196 : 7 =
(11) 135 : 9 =	(15) 171 : 9 =	(19) 150 : 6 =

Finde Fragen und rechne.

(20) In die Hebelschule gehen 153 Kinder. Es gibt insgesamt 9 Klassen.

(21) Sechs Kinder gehen zusammen in den Zoo. Fahrt und Eintritt kosten für alle insgesamt 108 €. Der Eintritt ist genauso teuer wie die Fahrt.

(22) Ins Theaterstück „Sams" kamen insgesamt 368 Besucher. Die Hälfte der Besucher waren Kinder. Es gab vier Vorstellungen.

(23) Paul zählt seine Legosteine. Er hat 336 Steine in fünf verschiedenen Farben. 112 seiner Steine sind rot. Von den anderen Farben hat er jeweils genau gleich viele.

Finde die Regeln und rechne soweit du kannst.

(24) 45 : 9 =	(25) 56 : 8 =	(26) 54 : 6 =	(27) 28 : 4 =	(28) 49 : 7 =	(29) 24 : 2 =
38 : 9 =	51 : 8 =	50 : 6 =	23 : 4 =	43 : 7 =	21 : 2 =
31 : 9 =	46 : 8 =	46 : 6 =	18 : 4 =	37 : 7 =	18 : 2 =
…	…	…	…	…	…

(1) Sprecht über das Angebot im Computergeschäft.

(2) Für sein neues Büro kauft Herr Mildenberger einen Tablet-PC, eine Funkmaus und die Bürosoftware.

(3) Die Firma Wutal kauft drei Funkmäuse, zwei Multifunktionsgeräte und zwei 22-Zoll-Bildschirme.

(4) Frau Maus kauft das Notebook und den günstigsten Drucker.

(5) Grisha hat 1 100 €. Dafür kauft er einen PC mit Software und einen Bildschirm.

(6) Für die Computer-AG kauft Herr Laubis den Farb-Laserdrucker und vier Packungen DVD-R-Rohlinge.
Er bezahlt mit zwei 200-€-Scheinen.

(7) Lara hat 430 €. Sie kauft den 27-Zoll-Bildschirm und die Festplatte. Vom restlichen Geld kauft sie noch DVD-R-Rohlinge.

(8) Erfinde weitere Aufgaben.

Ü

Runde die Geldbeträge. Verwende das Zeichen ≈.

(9) Runde zu vollen Eurobeträgen.

6,40 €	16,89 €
8,08 €	19,51 €
0,30 €	499,19 €

(10) Runde zu vollen Zehner-Eurobeträgen.

71,90 €	207,15 €
46,46 €	850,95 €
14,89 €	555,05 €

(11) Runde zu vollen Hunderter-Eurobeträgen.

349,85 €	970,10 €
28,63 €	453,21 €
181,18 €	606,06 €

① 8 · 10 =
3 · 12 =
5 · 17 =
4 · 15 =
7 · 14 =
6 · 11 =

② 8 · 20 =
3 · 70 =
4 · 50 =
5 · 60 =
2 · 90 =
6 · 80 =

③ 6 · □ = 18
3 · □ = 30
8 · □ = 64
5 · □ = 30
10 · □ = 40
4 · □ = 24

④ 40 · □ = 360
90 · □ = 630
60 · □ = 120
80 · □ = 240
50 · □ = 100
70 · □ = 560

⑤ 65 : 5 =
48 : 3 =
56 : 4 =
32 : 2 =
84 : 6 =
98 : 7 =

⑥ 140 : 2 =
240 : 4 =
180 : 6 =
250 : 5 =
320 : 8 =
150 : 3 =

⑦ 42 : □ = 6
72 : □ = 8
35 : □ = 7
20 : □ = 5
60 : □ = 6
24 : □ = 4

⑧ 450 : □ = 50
280 : □ = 70
180 : □ = 30
270 : □ = 90
480 : □ = 80
540 : □ = 60

⑨ 28 : 3 =
19 : 8 =
32 : 5 =
38 : 4 =
13 : 2 =
34 : 7 =

⑩ □ : 6 = 6 R 5
□ : 9 = 5 R 7
□ : 7 = 2 R 6
□ : 5 = 3 R 4
□ : 3 = 9 R 2
□ : 4 = 7 R 3

⑪ Emilia denkt sich eine Zahl, multipliziert sie mit 6, addiert 18, dividiert durch 3, subtrahiert dann 17 und erhält 3.

⑫ Bruno denkt sich eine Zahl, dividiert sie durch 5, addiert 280, subtrahiert 260, multipliziert dann noch mit 7 und erhält 420.

⑬ 25 + 45 =
36 + 54 =
22 + 28 =
39 + 21 =
13 + 67 =
64 + 36 =

⑭ □ + 87 = 96
□ + 56 = 65
□ + 49 = 53
□ + 68 = 74
□ + 35 = 42
□ + 74 = 81

⑮ 84 + □ = 100
48 + □ = 100
65 + □ = 100
56 + □ = 100
37 + □ = 100
73 + □ = 100

⑯ 660 + □ = 1 000
890 + □ = 1 000
710 + □ = 1 000
912 + □ = 1 000
555 + □ = 1 000
464 + □ = 1 000

⑰ 90 – 74 =
80 – 68 =
70 – 52 =
60 – 39 =
50 – 27 =
40 – 16 =

⑱ 76 – 26 =
93 – 43 =
54 – 34 =
81 – 61 =
69 – 59 =
47 – 17 =

⑲ 72 – □ = 50
84 – □ = 40
97 – □ = 60
63 – □ = 20
58 – □ = 30
46 – □ = 10

⑳ 100 – □ = 61
100 – □ = 43
100 – □ = 38
100 – □ = 29
100 – □ = 84
100 – □ = 77

① Überprüfe die Rechnungen. Verwende eine Überschlagsrechnung, die Umkehraufgabe oder die Tauschaufgabe.

Ⓐ
```
   857
 - 386
   571
```

Ⓑ
```
   268
   182
 +  74
   424
```

Ⓒ 18 · 6 = 106

Ⓓ
```
   306
    95
 + 273
   674
```

Ⓔ
```
   713
 - 465
   248
```

Ⓕ 6 · 19 = 124

Ⓖ 96 : 8 = 12

Ⓗ 133 : 7 = 19 R 2

Rechne die Aufgaben und kontrolliere sie auf geeignete Weise.
Begründe deine Wahl der Kontrollrechnung.

②	③	④	⑤
347 + 548 + 14	726 – 162	16 · 5 =	128 : 8 =
135 + 204 + 7	570 – 308	13 · 9 =	162 : 9 =
470 + 83 + 224	631 – 593	18 · 4 =	84 : 6 =
531 + 189 + 34	806 – 440	17 · 7 =	51 : 3 =

Es ist jeweils nur eines der drei Ergebnisse richtig.
Wie kannst du das schnell herausfinden?

⑥ 704 – 376 = ☐ 328 308 378

⑦ 496 + 205 = ☐ 699 701 700

⑧ 270 : 6 = ☐ 35 55 45

⑨ 64 · 7 = ☐ 420 448 413

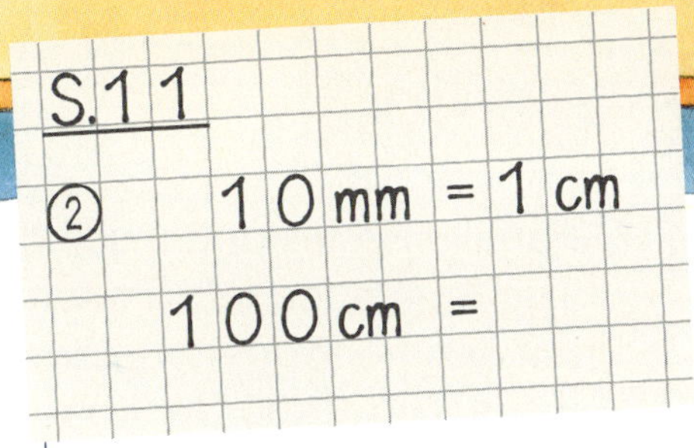

① Fertigt Größen-Plakate an. Ordnet jeder Größe ihre Einheiten zu. Findet ihr noch andere passende Einheiten?

② Wandle jede Einheit in eine benachbarte Einheit um.

③ Welche Einheit passt?

a) Mareikes Schulweg ist 500 ___ lang.
b) Ein Kind wiegt etwa 35 ___.
c) Lenas Training dauert 1 ___ und 30 ___.
d) In den Tank passen 3 000 ___ Heizöl.
e) Ein Fahrrad kostet 450 ___.
f) Ein Tischtennisball wiegt 4 ___.
g) Ein Finger ist 10 ___ breit.
h) In der Flasche sind 700 ___ Wasser.
i) Eine Tafel Schokolade kostet 90 ___.
j) Der Rekord im 100-m-Lauf liegt unter 10 ___.

④ Schreibt eure persönlichen Merkmaße auf und heftet sie zu den Plakaten.

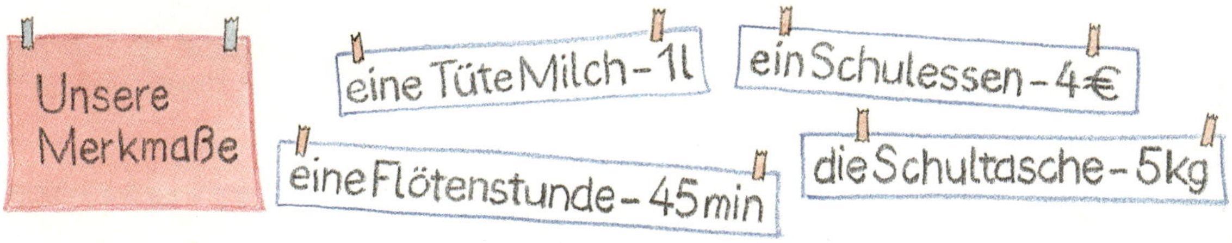

Wandle die Angaben in die angegebene Einheit um. Denke auch an die Kommaschreibweise.

⑤
1 kg = □ g
$\frac{1}{2}$ kg = □ g
$\frac{1}{4}$ kg = □ g
$\frac{3}{4}$ kg = □ g

⑥
1 300 g = □ kg □ g
1 030 g = □ kg □ g
1 003 g = □ kg □ g
300 g = □ kg □ g

⑦
2 km 450 m = □ m
1 km 25 m = □ m
3 km 8 m = □ m
0 km 920 m = □ m

⑧
300 cm = □ m
180 cm = □ m
20 mm = □ cm
3 mm = □ cm

⑨
150 ct = □ €
590 ct = □ €
98 ct = □ €
1 ct = □ €

⑩
1,10 € = □ ct
2,30 € = □ ct
0,50 € = □ ct
0,09 € = □ ct

⑪
3 h 30 min = □ min
1 h 10 min = □ min
2 h 20 min = □ min
4 h 5 min = □ min

⑫
100 s = □ min □ s
200 s = □ min □ s
300 s = □ min □ s
360 s = □ min □ s

Löse die Aufgaben mit einem Pfeilbild.

① Am Sonntag unternahm Familie Lang eine Radtour. Sie fuhr um 14.20 Uhr los und kam um 18.10 Uhr wieder nach Hause.

② Familie Kurz unternahm auch eine Radtour. Sie startete ebenfalls um 14.20 Uhr und war 4 Stunden und 30 Minuten unterwegs.

③ Familie Breit war am selben Tag 3 Stunden 40 Minuten mit den Fahrrädern unterwegs. Um 19.00 Uhr kam die Familie wieder nach Hause.

Rechne die fehlenden Angaben aus.

④  4 h 25 min → 

⑤  [h min] → 

⑥ 

1 h 20 min → 

⑦ 2.40 Uhr —6 h 41 min→ ☐ Uhr —[h min]→ 12.50 Uhr

⑧ ☐ Uhr —5 h 27 min→ 10.13 Uhr —[h min]→ 15.35 Uhr —8 h 17 min→ ☐ Uhr

⑨ Pia verlässt um 15.10 Uhr das Haus und trifft sich um 15.20 Uhr mit ihrer Freundin. Die beiden spielen 2 Stunden und 35 Minuten. Um 18.00 Uhr muss Pia wieder zu Hause sein.
a) Wie viel Zeit hat Pia für den Heimweg?
b) Wie lang ist sie von zu Hause fort?

⑩ Ein Flugzeug startete um 11.26 Uhr in Frankfurt. Nach 1 Stunde 34 Minuten landete es in Barcelona, wo es 45 Minuten Aufenthalt hatte. Der Weiterflug nach Palma de Mallorca dauerte nochmals 50 Minuten.

⑪ Der Sportverein unternimmt eine Ausflugsfahrt in den Freizeitpark.
Folgender Ablauf ist geplant:
Abfahrt am Sportplatz: 7.45 Uhr
Ankunft am Freizeitpark: 9.20 Uhr
Abfahrt am Freizeitpark: 18.30 Uhr
Ankunft am Sportplatz: 20.00 Uhr

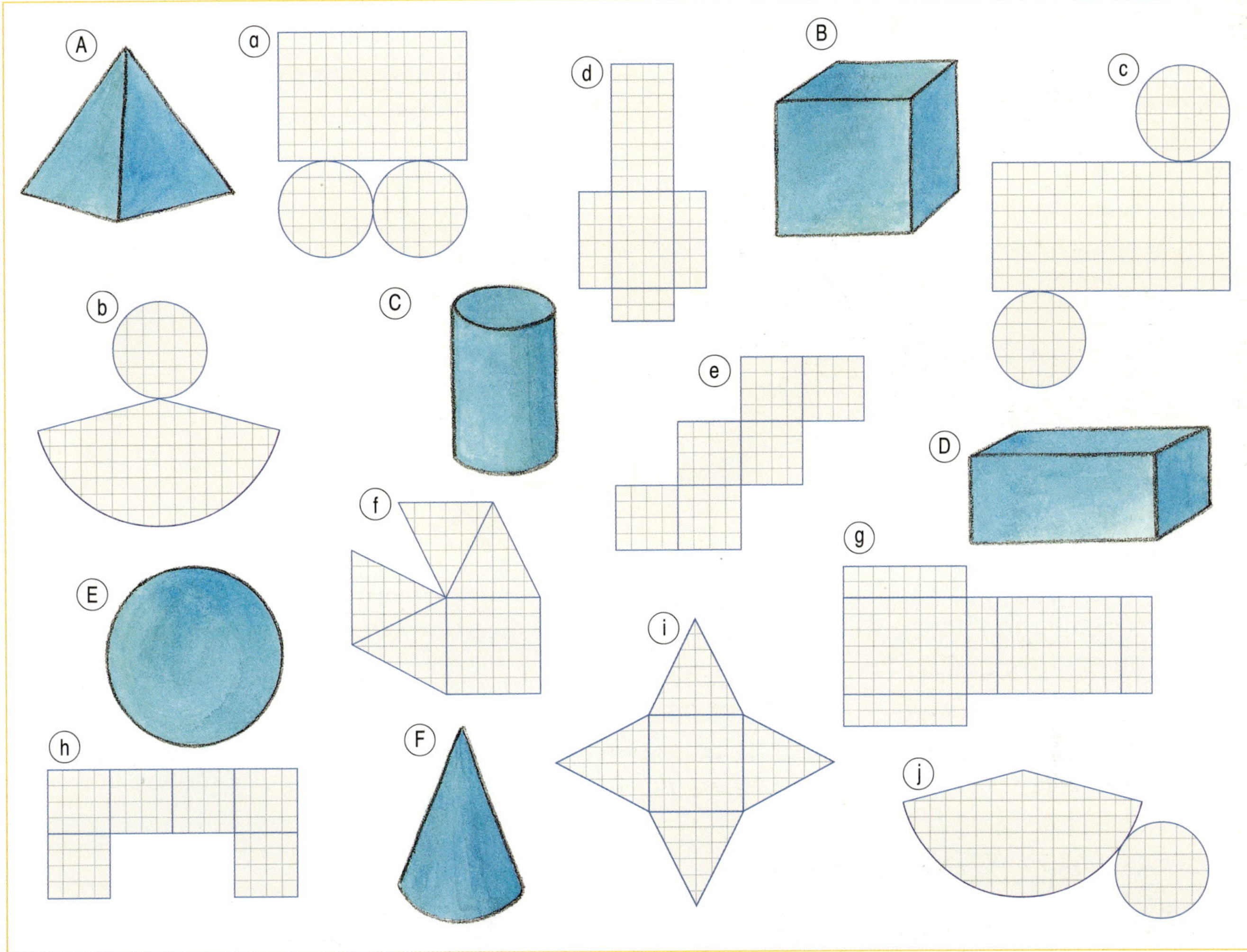

1 Aus manchen der Netze a bis j kann man keinen Körper bauen. Finde sie und erkläre, warum sie keine Körpernetze sind.

2 Zeichne die richtigen Körpernetze vergrößert auf Karopapier. Male die Flächen, die sich nach dem Zusammenfalten gegenüberliegen, in der gleichen Farbe an.

3 Kennzeichne die Seiten, die nach dem Zusammenfalten zusammenstoßen, in der gleichen Farbe.

4 Schneide die Netze aus und überprüfe durch Falten dein Ergebnis.

5 Körper bestehen aus Flächen.
Trage für jeden Körper die Anzahl der jeweiligen Flächen in eine Tabelle ein.

Flächen / Körper	Quadrat	Rechteck	Dreieck	Kreis	Kreis-ausschnitt
Würfel	6				
Quader					
Kegel					
Pyramide					
Zylinder					
Kugel					

6 Wie viele Dreiecke, Quadrate und Rechtecke findest du jeweils in den „Versteckbildern?“
Male die Versteckbilder doppelt so groß in dein Heft und kennzeichne die unterschiedlichen Flächen farbig.

a)

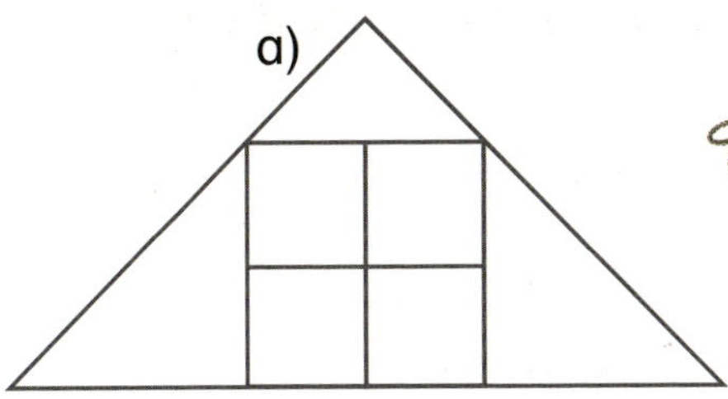

b)

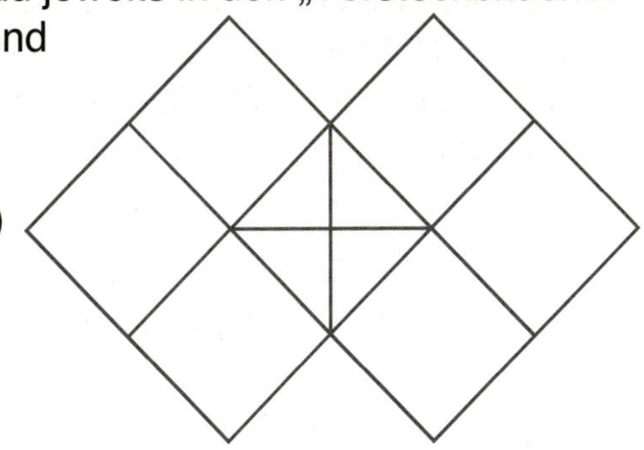

(1) Anna hat eine Schachtel Schokoladenpralinen. In der Schachtel sind 6 Reihen, in jeder Reihe sind 12 Pralinen. Annas Bruder stibitzt die äußere Reihe rundherum.
Wie viele Pralinen hat er genommen?
Wie viele sind noch für Anna übrig?

(2) Finde eine passende Rechnung zu der Botschaft. Gleicher Buchstabe bedeutet gleiche Ziffer.

(3) Nach den Ferien haben sich die Kinder viel zu erzählen. Jeder berichtet von seinen Erlebnissen.

- Carola war eine Woche weg.
- Ein Kind hat 2 Wochen an der Nordsee in Deutschland verbracht, ein anderes hat 3 Wochen in einem anderen Land am Strand gelegen.
- Ellen war in Italien.
- Alexander war doppelt so lang wie Carola unterwegs.
- Ein Mädchen besuchte Verwandte in Österreich.
- Julian verbrachte Strandferien in Frankreich.
- Ein Mädchen war 2 Wochen wandern.

Finde heraus, welches Kind in welchem Land war, wie lange es dort war und was es gemacht hat.

(4) Markus und Leon laufen um die Wette. Wenn Leon 100 m läuft, schafft Markus nur 75 m.
Leon gibt seinem Freund genau 100 m Vorsprung. Wie viel Meter muss Leon laufen, bis er Markus eingeholt hat?

(5) Zeichne die 9 Punkte in dein Heft. Nun sollen alle Punkte mit genau vier geraden Linien verbunden werden. Du darfst deinen Bleistift aber nicht absetzen und keine Linie doppelt ziehen.

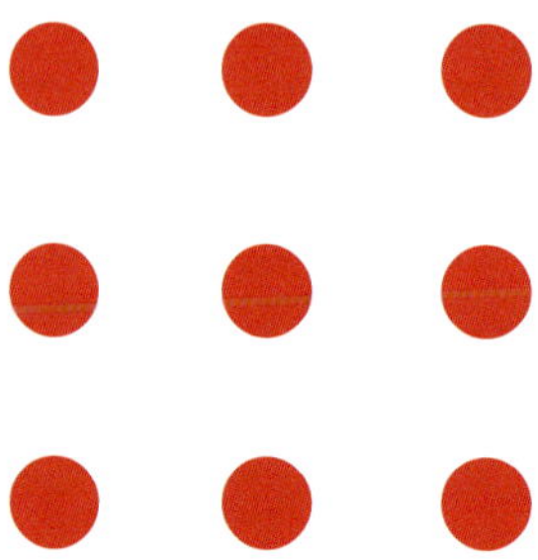

AUTO-LEGENDE

Taxi legt 4,6 Millionen Kilometer zurück

115 Erdumrundungen oder sechsmal zum Mond und zurück – diese Rekordstrecke schaffte ein wackeres Dieselfahrzeug während seines automobilen Lebens. Seinem griechischen Besitzer diente es als Taxi und über 800-mal als Medikamententransporter nach Belgrad während des Balkan-Konflikts.

Geburtenrate sinkt

In Deutschland kamen im Jahr 2011 rund 15 000 Babys weniger auf die Welt als 2010. Insgesamt erblickten 662 712 Neugeborene das Licht der Welt. Die Zahl der Geburten sank damit um mehr als zwei Prozent. Den höchsten Wert in den vergangenen 20 Jahren hatte das Jahr 1997 mit 812 173 Babys.

Zuwachs im deutschen Spielwarenmarkt

Marktforschern zufolge wuchs das Marktvolumen bei Spielwaren von 2006 bis 2010 um satte 23 Prozent. Der Gesamtumsatz in 2010 wird laut Hochrechnungen auf 5 909 Millionen Euro beziffert. Damit belaufen sich die jährlichen Pro-Kopf-Ausgaben in Deutschland für Spielwaren auf 72,46 Euro.

RIESIGE AMEISENKOLONIE

Die Ameisen zählen bekanntlich zu den Staaten bildenden Insekten. Es gibt Ameisenstaaten von nur wenigen hundert bis über 200 Millionen Tieren. Die größte bekannte Ameisenkolonie erstreckt sich über eine Länge von 5 760 km entlang der Küste der italienischen Riviera bis in den Nordwesten Spaniens und besteht aus mehreren Millionen Nestern mit mehreren Milliarden Tieren. Diese gigantische Kolonie wurde von dem schweizer Biologen Laurent Keller entdeckt.

Der Europa-Park überspringt die Rekordmarke von 4,5 Millionen Besuchern

Deutschlands größter Freizeitpark, der Europa-Park in Rust, erfreut sich weiterhin großer Beliebtheit. Im Jahr 2012 durchstreiften über 4,5 Millionen Besucher die 13 Themenbereiche mit ihren über 100 Attraktionen. Seit der Eröffnung des Parks am 12. Juli 1975 besuchten den Europa-Park somit über 90 Millionen Menschen.

Als absoluter Publikumsmagnet erweist sich die neue Holzachterbahn „WODAN – Timburcoaster“. Seit dem Start am 31. März 2012 haben sich bei rund 100 000 Fahrten mehr als 2,5 Millionen Passagiere auf die rasante Bahn begeben.

Gruppenarbeit

1. Sprecht über die Nachrichten. Welche Zahlen könnt ihr lesen?
2. Sammelt Zeitungsausschnitte und Bilder, die von großen Zahlen handeln. Gestaltet damit ein Plakat.
3. Erklärt, wie ihr euch Mengen von 100 (Hundert), 1 000 (Tausend), 10 000 (Zehntausend), 100 000 (Hunderttausend) und 1 000 000 (eine Million) vorstellt.

(1) Erklärt, wie das Punktefeld mit den 10 000 Punkten aufgebaut ist.
Diese Wörter helfen euch: Einer, Zehner, Hunderter, Tausender, Zehntausender.

(2) Zeige die Anzahlen. Decke dazu übrige Punkte ab.

a) 300 Punkte
b) 1 700 Punkte
c) 2 500 Punkte
d) 5 000 Punkte
e) 7 500 Punkte
f) 10 000 Punkte
g) 3 590 Punkte
h) 5 555 Punkte

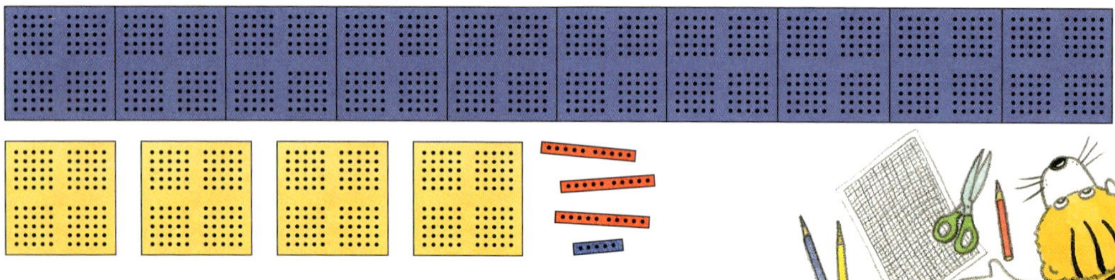

Gruppenarbeit

(3) Stellt mit Punktestreifen große Zahlen dar. Färbt die Einer mit blau, die Zehner mit rot, die Hunderter mit gelb, die Tausender wieder mit blau und die Zehntausender wieder mit rot.

a) 3 467 b) 8 005 c) 10 000 d) 6 666 e) 4 930 f) 7 509 g) 5 731

Merke:
$10 \cdot 1 = 10$
$10 \cdot 10 = 100$
$10 \cdot 100 = 1\,000$
$10 \cdot 1\,000 = 10\,000$
$10 \cdot 10\,000 = 100\,000$

① Ordne den Symbolen die Zahlen und die Stellenwerte zu.

② Beschreibe den Aufbau des Zehnersystems so:
- Aus zehn blauen Punkten wird ein roter Streifen (10 E = 1 Z).
- Aus zehn roten Streifen wird ein gelbes Quadrat (10 Z = 1 H).
- Aus zehn …

Welche Zahlen sind hier mit Symbolen dargestellt? Schreibe Additionsaufgaben und lies die Zahlen. Schreibe so: 40 000 + 3 000 + 500 + 60 + 5 = 43 565

③
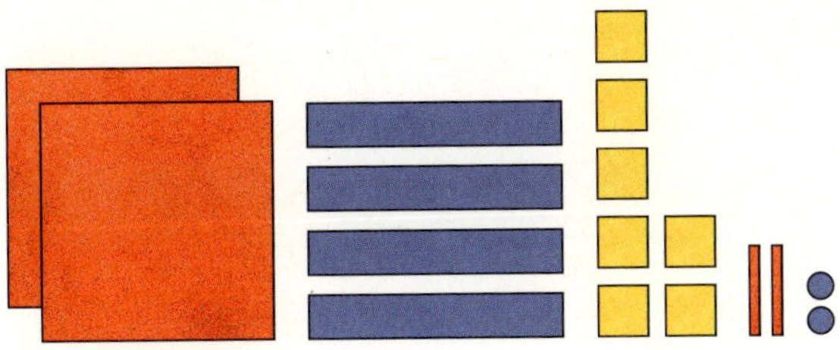

④
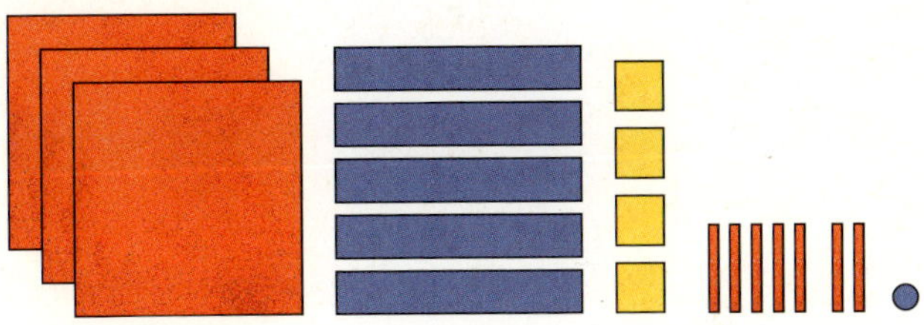

⑤

⑥

Partnerarbeit

⑦ Lest die Zahlen und stellt sie mit Symbolkärtchen dar (Beilage 2).

a) 37 046 c) 18 430 e) 23 456
b) 61 508 d) 70 072 f) 40 302

⑧ Lege Zahlen mit den Symbolkärtchen. Dein Partner muss die Zahl lesen und aufschreiben.

Gruppenarbeit

① Welche Zahlen haben die Kinder dargestellt? Welcher Gegenstand stellt welchen Stellenwert dar?

② Findet weitere interessante Möglichkeiten, Zahlen darzustellen und präsentiert sie vor der Klasse.

③ Tragt eure Zahlen in eine Stellenwerttabelle ein.

ZT	T	H	Z	E

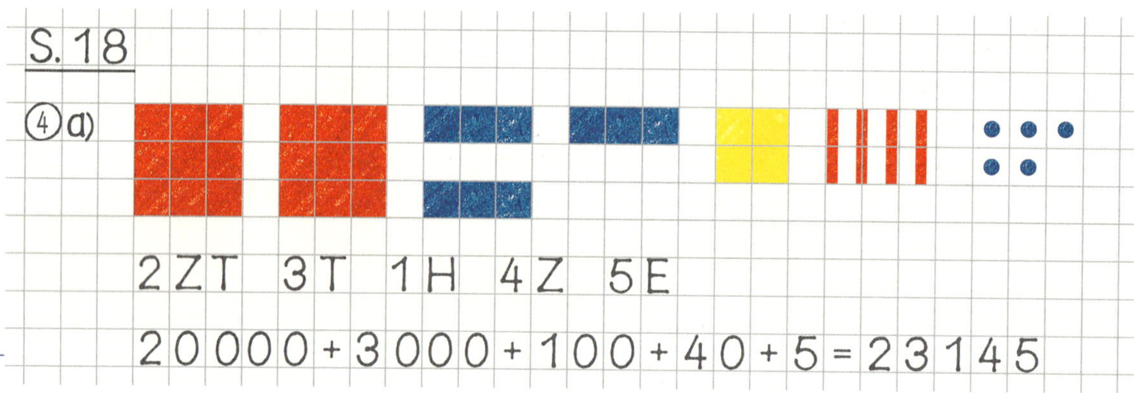

Zeichne zu einigen Aufgaben die Symbole und schreibe die Zahlen auf drei Arten.

④ a) 2 ZT 3 T 1 H 4 Z 5 E
b) 1 ZT 4 T 5 Z 8 E
c) 6 T 5 H 4 Z 3 E
d) 3 ZT 4 H 7 E
e) 9 T 6 Z 4 E
f) 4 ZT 4 H 6 Z

⑤ a) 3 H 2 T 7 Z 1 E 4 ZT
b) 9 E 3 ZT 6 H 3 T 1 Z
c) 5 T 5 E 4 Z 4 H
d) 2 Z 7 H 1 T 3 E
e) 5 ZT 8 Z 6 E 1 T
f) 5 H 4 T 7 E 2 ZT

⑥ a) 42 159
b) 10 735
c) 6 081
d) 27 402
e) 31 030
f) 50 505

⑦ Lege in eine Stellenwerttabelle 10 Plättchen wie im Beispiel.
a) Welche Zahl ist dargestellt?
b) Lege ein Plättchen so um, dass eine möglichst große (kleine) Zahl entsteht.
c) Finde weitere Zahlen, die du mit 10 Plättchen darstellen kannst und schreibe sie auf.
d) Wie heißt die größte (kleinste) Zahl, die du mit 10 Plättchen legen kannst?

ZT	T	H	Z	E
●●●	●	●	●●●	●●

Den Zahlenstrahl untersuchen

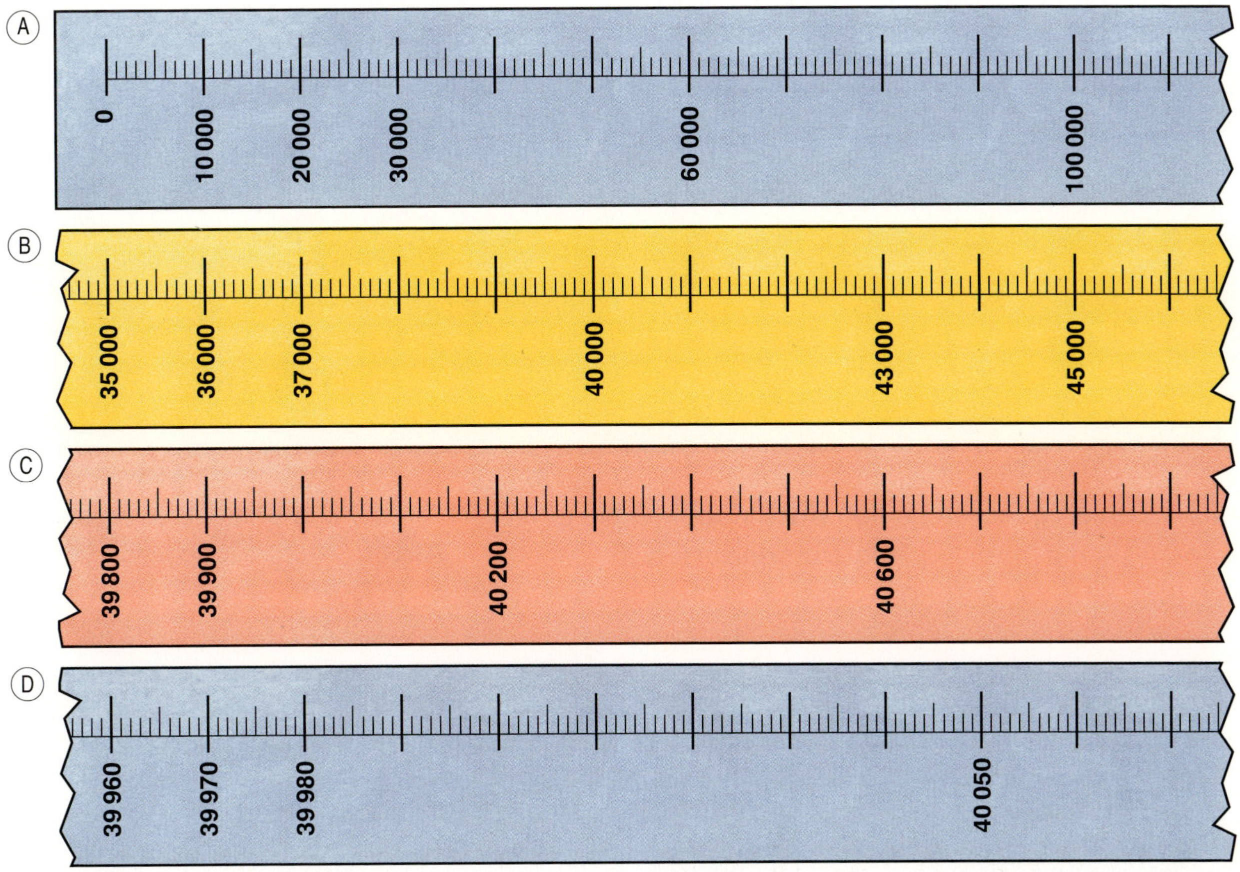

(1) Untersucht jeden Zahlenstrahl dieser Seite. Wie groß sind jeweils die Schritte?

(2) Zeige die Zahlen an einem Zahlenstrahl. An welchem Zahlenstrahl findest du die Zahlen ganz genau? Zeige immer, wie es weitergeht.

a) 35 000, 36 000, 37 000, 38 000, …
b) 76 000, 78 000, 80 000, 82 000, …
c) 37 500, 37 600, 37 700, 37 800, …
d) 39 870, 39 970, 40 070, 40 170, …
e) 39 992, 39 995, 39 998, 40 001, …
f) 40 025, 40 031, 40 037, 40 043, …

(3) Zeige die Zahlen an einem Zahlenstrahl und schreibe sie mit Vorgänger und Nachfolger auf.

a) 39 971
b) 40 010
c) 39 999
d) 40 420
e) 36 300
f) 38 800
g) 44 500
h) 45 100
i) 17 000
j) 31 000
k) 80 000
l) 100 000

	V	Zahl	N
a)	39 970	39 971	39 972
b)	40 009	40 010	

Partnerarbeit

(4) Zeige eine Zahl am Zahlenstrahl.
Dein Partner nennt die Zahl mit Vorgänger und Nachfolger.

Ü

(5)	(6)	(7)	(8)	(9)	(10)
3 · 19 =	9 · 11 =	2 · 12 =	1 · 11 =	18 · 2 =	19 · 2 =
4 · 18 =	8 · 12 =	4 · 14 =	3 · 13 =	16 · 4 =	17 · 3 =
5 · 17 =	7 · 13 =	6 · 16 =	5 · 15 =	14 · 6 =	15 · 4 =
…	…	…	…	…	…

Nachbarn am Zahlenstrahl

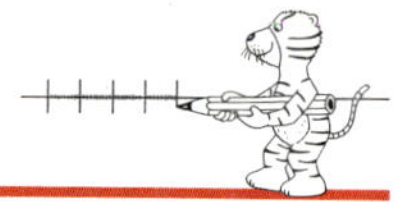

1 Untersucht jeden Zahlenstrahl dieser Seite genau. Was stellt ihr fest?

2 Welche Zahlen gehören zu den Buchstaben A bis F?
Schreibe sie mit ihren Nachbar**zehntausendern** auf.
A: 0 < 8 000 < 10 000

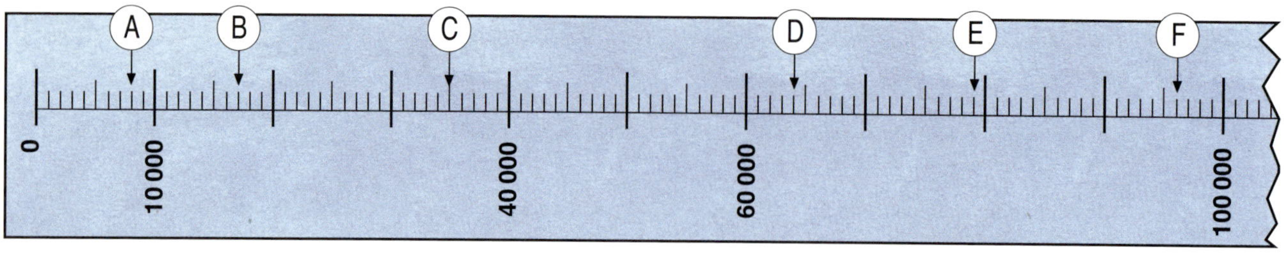

3 Welche Zahlen gehören zu den Buchstaben G bis L?
Schreibe sie mit ihren Nachbar**tausendern** auf.
G: 20 000 < 20 100 < 21 000

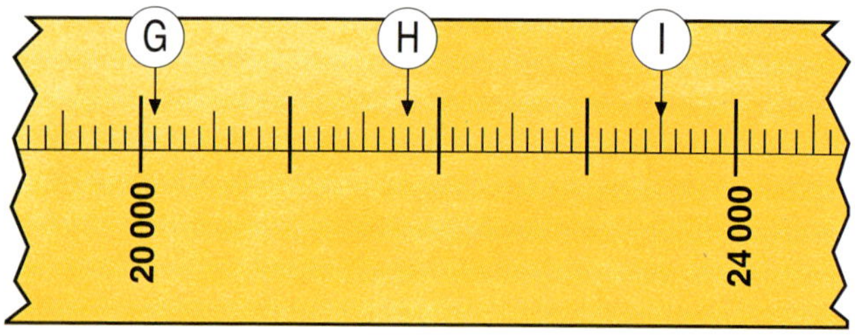

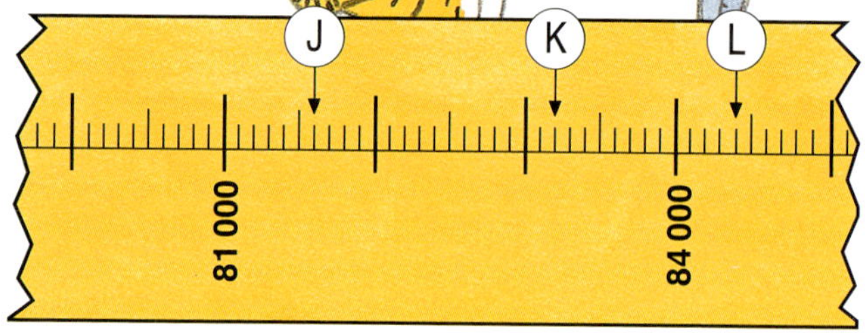

4 Welche Zahlen gehören zu den Buchstaben M bis R?
Schreibe sie mit ihren Nachbar**hundertern** auf.
M: 56 700 < 56 780 < 56 800

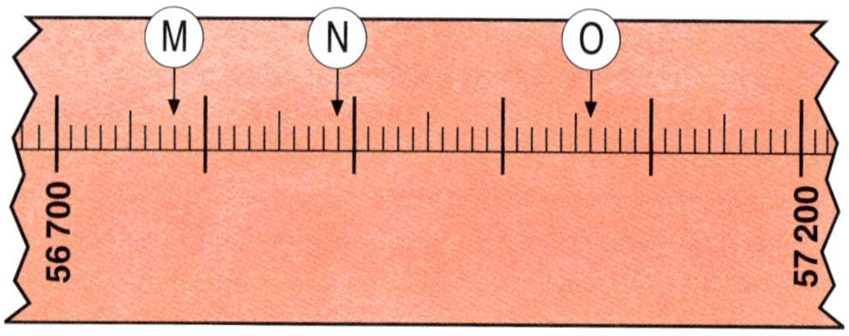

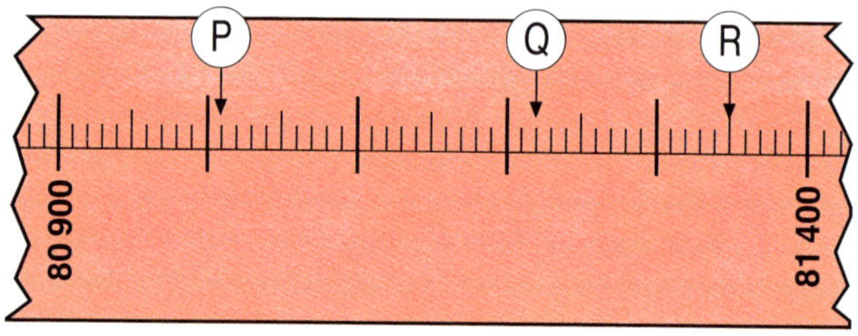

5 Welche Zahlen gehören zu den Buchstaben S bis X?
Schreibe sie mit ihren Nachbar**zehnern** auf.
S: 34 360 < 34 365 < 34 370

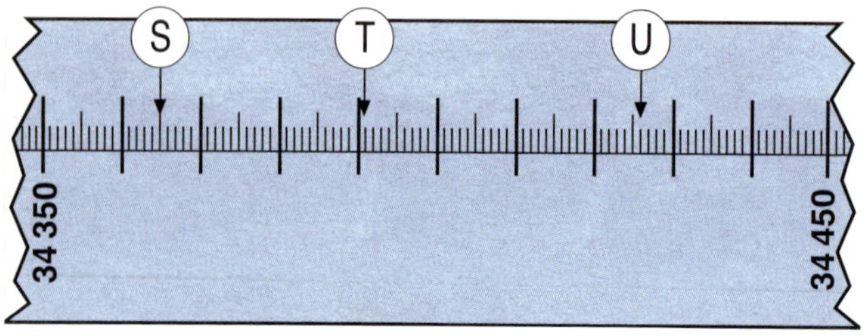

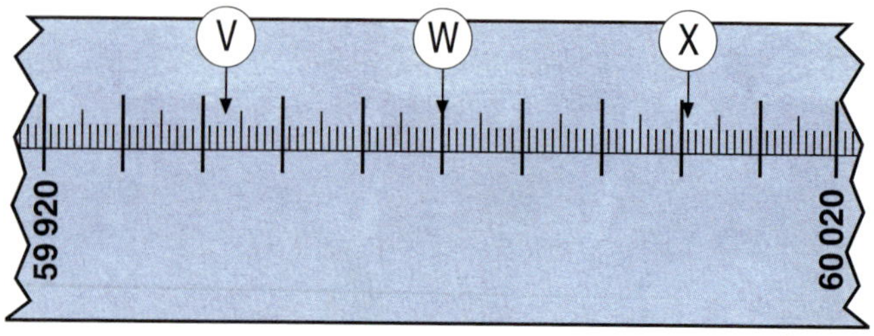

6 Rechne von den Zahlen M bis R zu den Nachbar**tausendern**.
Schreibe so: M = 56 780 56 780 + 220 = 57 000 56 780 – 780 = 56 000

7 Rechne von den Zahlen S bis X zu den Nachbar**hundertern**.
Schreibe so: S = 34 365 34 365 + 35 = 34 400 34 365 – 65 = 34 300

Zahlenfolgen

① Finde die Rechenregel und schreibe sie auf. Setze die Zahlenfolgen um 5 Zahlen fort.

a) 64 000, 64 500, 65 000, 65 500, …
b) 27 900, 29 000, 30 100, 31 200, …
c) 45 800, 44 300, 42 800, 41 300, …
d) 81 000, 80 200, 79 400, 78 600, …
e) 18 300, 18 700, 19 700, 21 100, …
f) 67 230, 68 330, 68 130, 69 230, …
g) 57 150, 57 000, 56 500, 56 350, …
h) 35 410, 35 435, 35 235, 35 260, …

② Bilde Zahlenfolgen für deinen Partner.

Immer eine Zahl in der Zahlenfolge ist falsch.
Wie heißt die richtige Zahl?

③ 35 600, 32 600, 29 600, 26 600, 22 600, 20 600, 17 600
④ 49 250, 50 000, 50 750, 51 400, 52 250, 53 000, 53 750
⑤ 55 555, 50 555, 50 505, 45 505, 45 455, 40 455, 40 450
⑥ 67 645, 77 945, 77 045, 87 345, 86 445, 96 845, 95 845

⑦ Ergänze die Zahlen zu 100 000.

a) 34 000
b) 23 000
c) 87 500
d) 91 000
e) 59 750
f) 28 900
g) 89 925
h) 10 075
i) 62 349
j) 7 165

⑧

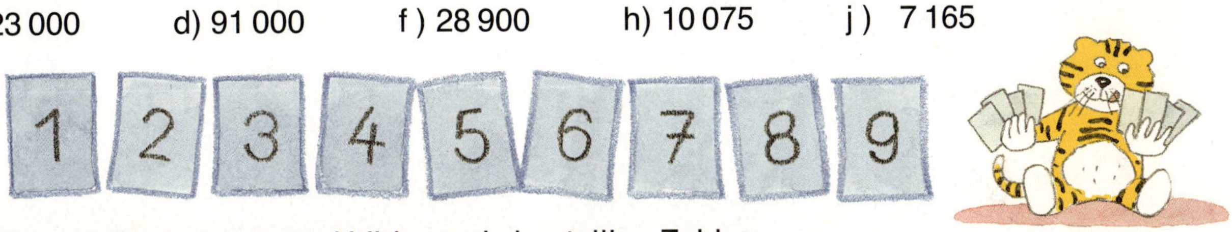

Wähle 8 Kärtchen aus und bilde zwei vierstellige Zahlen.
a) Subtrahiere diese beiden Zahlen.
b) Bilde die Zahlen nun so, dass der größtmögliche Unterschied (Differenz) entsteht.
c) Beschreibe, wie du vorgegangen bist.

⑨ a) Überlege, wie du mit den 8 Kärtchen zwei Zahlen bilden musst, sodass der kleinstmögliche Unterschied (Differenz) entsteht.
b) Vergleiche deine Überlegung mit einem Partner und rechne dann.

Partnerspiel – Zahlen würfeln

⑩ Nehmt einen Zehnerwürfel. Würfelt abwechselnd und tragt die Würfelzahl jeweils in eine Spalte der Stellenwerttabelle ein. Wer nach fünf Runden die größte (kleinste) Zahl hat, erhält einen Punkt.

Rechne im Kopf.

① 40 000 + 25 000 =
30 000 + 52 000 =
61 000 + 19 000 =
28 000 + 5 000 =
54 000 + 16 000 =
17 000 + 17 000 =

② 6 000 + 58 000 =
13 000 + 700 =
49 000 + 90 =
500 + 50 000 =
800 + 88 000 =
300 + 33 300 =

③ 90 000 – 45 000 =
70 000 – 38 000 =
49 000 – 29 000 =
53 000 – 7 000 =
86 000 – 14 000 =
62 000 – 34 000 =

④ 68 000 – 800 =
24 000 – 12 500 =
91 000 – 900 =
87 000 – 8 000 =
39 000 – 31 600 =
55 500 – 25 000 =

Rechne schriftlich.

⑤ 45 271 + 17 958
20 894 + 56 370
36 029 + 61 956
19 642 + 75 879

⑥ 2 539 + 3 768 + 1 094
4 851 + 937 + 2 968
12 893 + 35 079 + 46 997
30 724 + 8 490 + 905

⑦ 48 576 – 32 451
67 359 – 41 638
91 648 – 53 527
83 021 – 29 065

⑧ 864 – 579
7 531 – 2 468
98 765 – 56 789
10 203 – 4 050

⑨ Lies die Zahlen und schreibe sie mit Ziffern auf.

a) siebentausendsechshundertfünfzehn
b) dreiundachtzigtausendzweihundertsechs
c) vierzehntausendachtundneunzig
d) zweitausendvierhundertsechsundsiebzig
e) fünfundfünfzigtausendfünfhundertfünf
f) siebenundvierzigtausendeinhundertelf

Ordne die Stellenwerte und schreibe die Zahlen mit Ziffern auf.

⑩ a) 3T 6E 5H 7Z 8ZT
b) 4Z 9H 1ZT 2E
c) 5E 2ZT 6H 1T
d) 8H 3ZT 7T 5Z

⑪ a) 2E 4H 6ZT
b) 3Z 1T 5H
c) 9H 9E 9ZT
d) 43E 8ZT 16H

⑫ Ich denke mir eine vierstellige Zahl. Sie hat doppelt so viele Zehner wie Einer, doppelt so viele Hunderter wie Zehner und doppelt so viele Tausender wie Hunderter.

⑬ Ich denke mir eine fünfstellige Zahl. Sie hat acht Hunderter und nur halb so viele Zehntausender. Die restlichen Ziffern sind Nullen.

⑭ Finde die Regel und setze die Zahlenfolgen um mindestens drei Zahlen fort.

a) 95 000, 89 000, 83 000, 77 000, …
b) 3 699, 13 699, 23 699, 33 699, …
c) 4 182, 9 182, 14 182, 19 182, …
d) 99 500, 86 500, 73 500, 60 500, …
e) 11 520, 13 520, 15 520, 17 520, …
f) 87 600, 86 100, 84 600, 83 100, …
g) 500, 20 500, 20 400, 40 400, …
h) 22 080, 20 080, 26 080, 24 080, …

Rundungsregeln
- Unterstreiche die Ziffer, zu der gerundet werden soll.
- Ist die Ziffer rechts davon kleiner als 5, wird abgerundet.

Hinweis: Beim Abrunden ändert sich die unterstrichene Ziffer nicht.

Runde die Zahlen.
Beachte dabei die Rundungsregeln.

① zum Zehner
a) 27 642 b) 19 351 c) 30 103 d) 64 996 e) 6 890

② zum Hunderter
a) 82 531 b) 46 139 c) 99 674 d) 56 049 e) 67 860

③ zum Tausender
a) 64 983 b) 13 498 c) 42 789 d) 88 992 e) 365

④ zum Zehntausender
a) 75 149 b) 51 515 c) 24 753 d) 95 000 e) 7 005

⑤ Kemal rundet eine Zahl zum Tausender und erhält 27 000. Wie könnte Kemals Zahl heißen?

⑥ Welches ist die kleinste Zahl, welches die größte Zahl, die zum Tausender gerundet 27 000 ergibt?

⑦ Das sind gerundete Zahlen. Zu welchem Stellenwert wurden sie gerundet? Gib dann die kleinste und die größte mögliche Ausgangszahl an.
a) 36 000 b) 60 000 c) 5 700 d) 1 420 e) 13 000 f) 25 300 g) 90 000

Rechne eine Überschlagsrechnung und vergleiche sie mit der genauen Lösung.

⑧ a) 35 692 + 56 209
b) 17 803 + 9 746 + 68 458
c) 23 962 + 14 672 + 49 006

⑨ a) 24 962 + 88 + 707 + 46 576
b) 6 + 4 918 + 357 + 89 743
c) 98 + 765 + 4 321 + 12 345

⑩ a) 81 302 – 57 639
b) 62 046 – 38 941
c) 91 230 – 86 705

⑪ Familie Kohler braucht Möbel für ihr neues Haus. Mehr als 30 000 € kann sie dafür nicht ausgeben. Sie haben Folgendes ausgesucht: Küche für 14 985 €, Wohnzimmer für 9 150 €, Esszimmer für 3 499 € und Betten für 2 879 €. Kann Familie Kohler alles kaufen? Finde die Antwort mit einer Überschlagsrechnung.

① Erklärt, warum diese Zahlen ANNA-Zahlen heißen.

② Jede ANNA-Zahl hat eine Partnerzahl. Beispiel: Zahl: 6 446 Partnerzahl: 4 664
Subtrahiere von diesen ANNA-Zahlen die Partnerzahl. Was fällt auf?

a) 4 334 − 3 443
b) 9 889 − 8 998
c) 7 667 − 6 776
d) 6 556 − 5 665
e) 5 445 − 4 554

③ Bilde die Partnerzahlen von diesen ANNA-Zahlen und subtrahiere.

a) 5 335 b) 9 779 c) 4 224 d) 3 113 e) 8 668

④ Betrachte die ANNA-Zahlen bei den Aufgaben 2 und 3 ganz genau und schaue dir die Differenzen an. Wie heißt das Ergebnis bei diesen Aufgaben?

a) 3 223 − 2 332
b) 6 446 − 4 664
c) 8 778 − 7 887
d) 7 557 − 5 775
e) 2 112 − 1 221

⑤ Das sind die Zahlen der 891er-Reihe:
891, 1 782, 2 673, 3 564, 4 455, 5 346, 6 237, 7 128, 8 019, 8 910

a) Kannst du nun alle Unterschiede von ANNA-Zahlen und ihren Partnerzahlen vorhersagen? **Tipp**: Beachte den Unterschied der Ziffern.
b) Überprüfe deine Vermutung mit den ANNA-Zahlen ganz oben.

⑥ Entscheide bei jedem Satz, ob er richtig oder falsch ist.

a) *Das kleinste Ergebnis bei Aufgabe 5 b) ist 891.*
b) *Das größte Ergebnis bei Aufgabe 5 b) ist 8 910.*
c) *Die Ergebnisse sind auch ANNA-Zahlen.*
d) *Wenn der Unterschied der Ziffern in den ANNA-Zahlen gleich ist, dann sind auch die Ergebnisse gleich.*

⑦ Bilde die Differenz von NANA-Zahlen (Beispiel: 7 575) und ihren Partnerzahlen (5 757). Was kannst du alles feststellen?

⑧ Zeichne die Figuren ab und setze sie als Muster fort.

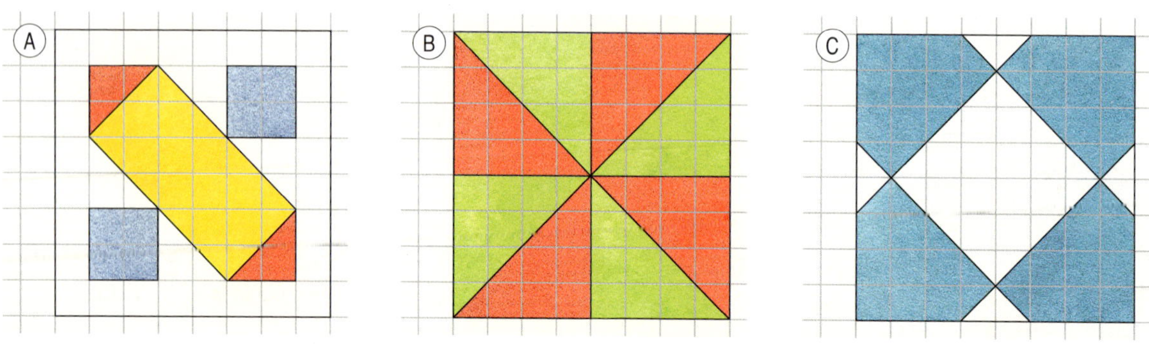

1 Welche Zahlen sind dargestellt? Schreibe sie jeweils auf zwei andere Arten.

a) 

b) 5 ZT 1 T 8 Z 4 E
c) 3 H 7 E 1 ZT 2 T
d) 62 379
e) 36 140

2 Wie heißen die Vorgänger und Nachfolger jeder Zahl von Aufgabe 1?

3 Runde die Zahlen von Aufgabe 1 zu Zehnern und zu Hunderten.

4 Schreibe mit Ziffern.

a) siebenundachtzigtausendzweihundertvierundfünfzig
b) einundneunzigtausendeinhunderteinundneunzig
c) siebzigtausendsechshundertsechsundsiebzig
d) vierzehntausendvierundvierzig

5 Runde die Zahlen von Aufgabe 4 zu Tausendern und Zehntausendern.

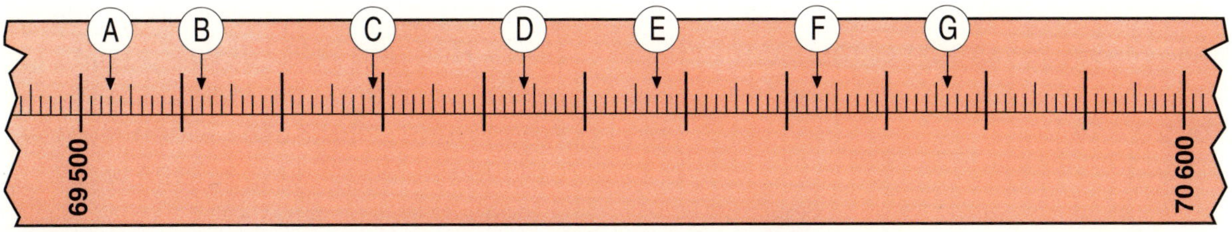

6 a) Welche Zahlen gehören zu den Buchstaben A bis G?
b) Rechne von den Zahlen zu den nächsten Nachbartausendern.

7 a) 46 820 + □ = 46 900
82 573 + □ = 82 600
11 019 + □ = 11 100

b) 38 400 + □ = 39 000
51 760 + □ = 52 000
74 525 + □ = 75 000

c) 27 000 + □ = 30 000
64 800 + □ = 70 000
93 010 + □ = 100 000

8 Finde die Rechenregel und setze die Zahlenfolgen um 5 Zahlen fort.

a) 24 360, 24 380, 24 400, 24 420, …
b) 95 000, 94 200, 93 400, 92 600, …
c) 69 780, 67 780, 68 480, 66 480, 67 180, …

9 Immer eine Zahl in der Zahlenfolge ist falsch. Wie heißt die richtige Zahl?

a) 46 248, 46 258, 46 268, 46 287, 46 288, 46 298
b) 8 074, 9 074, 9 974, 11 074, 12 074, 13 074
c) 50 003, 50 002, 50 001, 5 000, 49 999, 49 998

Rechne schriftlich und kontrolliere mit einer Überschlagsrechnung.

10 a) 56 129 + 24 875
b) 39 084 + 46 159

11 a) 803 + 7 499 + 93 + 70 682
b) 19 356 + 68 047 + 490 + 6

12 a) 90 731 – 68 457
b) 100 000 – 80 703

13 Bilde mit den Ziffernkärtchen die drei größten und die drei kleinsten 5-stelligen Zahlen.

14 4 Zahlen ergeben zusammen 100 000. Die 1. Zahl ist 5-stellig und hat an jeder Stelle die Ziffer 4. Die Ziffern der 2. Zahl sind jeweils um 1 größer als die Ziffern der 3. Zahl. Die 3. Zahl ist halb so groß wie die 1. Zahl. Wie heißt die 4. Zahl?

(1) In Pias Bücherregal stehen 84 Bücher. Das Regal hat drei Fächer. Im obersten Fach stehen 10 Bücher mehr als im mittleren Fach. Im untersten Fach sind 10 Bücher weniger als im mittleren Fach. Wie viele Bücher stehen in jedem Fach?

(2) 4 Zahlen ergeben zusammen 99 000. Die 1. Zahl ist die kleinste 5-stellige Zahl. 23 456 ist die 2. Zahl. Die 3. Zahl ist das Doppelte von der 2. Zahl. Wie heißt die 4. Zahl?

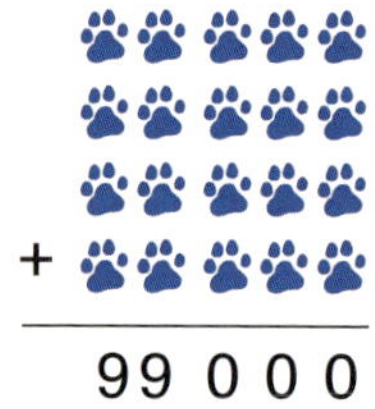

(3) In einem Säckchen, in das du nicht hineinschauen kannst, befinden sich 4 rote und 4 blaue Kugeln. Wie viele Kugeln musst du herausnehmen, um ganz sicher zwei Kugeln der gleichen Farbe zu erhalten?

(4) Vier Väter haben diese Berufe: Bäcker, Busfahrer, Lehrer und Maler. Jeder der Männer hat ein Kind: Nick, Sofia, Rolf und Julia. Jede Familie besitzt auch noch ein Haustier: entweder einen Hund, eine Katze, einen Hamster oder einen Vogel. Das wissen wir:

- Nicks Vater ist Bäcker.
- Der Maler hat eine Tochter.
- Rolfs Vater hat keinen Führerschein.
- Einer der Jungen hat einen Hamster.
- Julia ist nicht die Tochter des Lehrers.
- Julias Katze ist schwarz.
- Der Maler hat keine Katze.
- Nick liebt seinen Hund.

Finde für jedes Kind den Beruf seines Vaters und sein Haustier heraus.

(5) Setze die Ziffern 1 bis 9 so in die Kreise ein, dass die Summe der drei Zahlen auf jeder Geraden immer gleich ist. Du darfst jede Ziffer nur einmal verwenden.

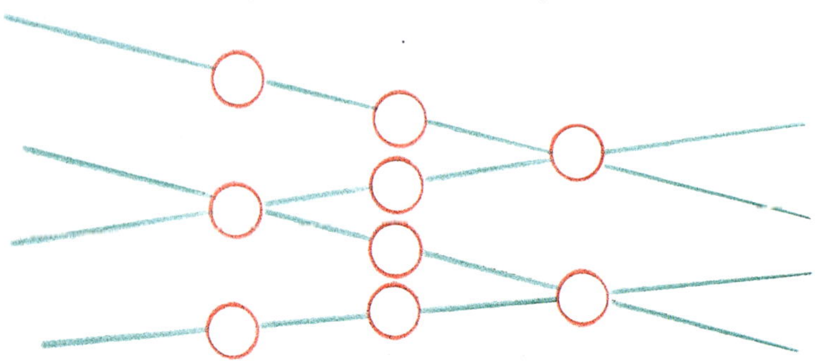

Kilogramm und Gramm

1000 g = 1 kg
500 g = $\frac{1}{2}$ kg
250 g = $\frac{1}{4}$ kg
750 g = $\frac{3}{4}$ kg

① Vergleicht die Gewichte der Babys.

② Wie schwer wart ihr bei eurer Geburt?

③ Übertrage die Tabelle in dein Heft und trage eure Geburtsgewichte ein.

Name	kg	g	Kilogramm	Gramm	Kilogramm und Gramm
Chloe	3	370	3,370 kg	3 370 g	3 kg 370 g
Caspar	2	810	2,810 kg		
Emilia	4	70			

Schreibe die Gewichtsangaben jeweils auf drei Arten.
Beispiel: 2 649 g = 2 kg 649 g = 2,649 kg

④	⑤	⑥	⑦
2 468 g	4 kg 407 g	8,425 kg	$\frac{1}{4}$ kg
731 g	9 kg 50 g	0,060 kg	$\frac{3}{4}$ kg
1 004 g	0 kg 251 g	5,500 kg	$\frac{1}{2}$ kg
40 g	7 kg 7 g	10,202 kg	$1\frac{1}{2}$ kg

⑧ Welche Gewichtsangabe passt? Ordne zu.

Packung Nudeln · Baby · Butter · 1 l Milch · Tischtennisball · Beutel Äpfel · Schulranzen · Tafel Schokolade · Mathetiger 4

5 kg · 100 g · $\frac{1}{4}$ kg · 1 kg · 2,500 kg · 4 g · 3 500 g · 500 g · 0,680 kg

⑨
12 000 + □ = 20 000
23 000 + □ = 30 000
36 000 + □ = 40 000
48 000 + □ = 50 000

⑩
13 400 + □ = 14 000
26 100 + □ = 27 000
34 700 + □ = 35 000
49 200 + □ = 50 000

⑪
11 530 + □ = 11 600
17 240 + □ = 17 300
28 610 + □ = 28 700
35 860 + □ = 35 900

Die Schülerinnen und Schüler einer 4. Klasse wurden gefragt, was ganz schwer sei.
Auf den Bildern siehst du ihre Antworten.

Gruppenarbeit

(1) Ordnet die sechs Gegenstände nach ihrem Gewicht. Überprüft eure Schätzung anhand eines Lexikons oder des Internets.

(2) Findet weitere schwere Gegenstände und ermittelt ihr Gewicht. Gestaltet ein Plakat mit den „Schwergewichten".

Große Gewichte werden in Tonnen (t) gemessen.
$1\,t = 1\,000\,kg$
$\frac{1}{2}t = 500\,kg$
$\frac{1}{4}t = 250\,kg$
$\frac{3}{4}t = 750\,kg$

(3) Trage die Gewichtsangaben geordnet in eine Tabelle ein.
Schreibe den passenden Gegenstand dazu.

1 835 kg, 935 t, 5 kg, 7 969 kg, 24 t, 19 kg, 35 kg, 236 kg,
Lastschiff, kleiner Lkw, Kleinbus, Motorrad, Koffer,
Glocke im Kölner Dom, 10-jähriges Kind, Schultasche

t	kg
935	0
24	0
7	969

Tonnen
935,000 t
24,000 t
7,969 t

Kilogramm
935 000 kg
24 000 kg

Tonnen und Kilogramm
935 t 0 kg
24 t 0 kg

Lastschiff
Glocke

(4) Findet das Gewicht weiterer Gegenstände und tragt es in die Tabelle ein.

(5) Ist eure Klasse schwerer als eine Tonne? Schätzt zuerst. Wiegt dann und rechnet.

Schreibe jede Gewichtsangabe auf drei Arten.
Beispiel: 12 t 340 kg = 12 340 kg = 12,340 t

(6)	(7)	(8)	(9)	(10)	(11)
12 t 340 kg	34 041 kg	28,045 t	10 kg	$\frac{1}{2}$ t	7,500 t
3 t 121 kg	1 987 kg	0,050 t	100 kg	$\frac{3}{4}$ t	0,800 t
10 t 65 kg	302 kg	4,248 t	1 000 kg	$\frac{1}{4}$ t	14,950 t
8 t 3 kg	1 kg	17,007 t	10 000 kg	1 t	2,070 t

(12) Berechne das Gewicht der Kisten.

(13) Wie oft muss man mit dem Anhänger fahren, um alle Kisten zu transportieren?

① Der Lkw der Druckerei lädt Bücher. Die Leermasse des Lkw (Gewicht ohne Ladung) beträgt 7 840 kg. Die Bücherpaletten (Ladung) wiegen insgesamt 6 470 kg. Wie groß ist die Gesamtmasse?

② Herr Ponsold kommt mit seinem Lkw an dieses Schild. Sein Lkw hat eine Leermasse von 14 870 kg. Er hat 12 Paletten mit je 1,250 t geladen. Darf Herr Ponsold weiterfahren?

③ Ein anderer Lkw hat eine Gesamtmasse von 19 345 kg. Die Leermasse beträgt 10 780 kg. Wie viel Kilogramm wiegt die Ladung?

④ Ein Linienbus hat eine Leermasse von 13,800 t. Die zulässige Gesamtmasse beträgt 25 t. Der Bus hat 42 Sitzplätze und 96 Stehplätze.

⑤ Berechne die fehlenden Angaben in der Tabelle.

Fahrzeug	Leermasse	Zulässige Ladung	Zulässige Gesamtmasse
VW Touran	1 697 kg	523 kg	
Ford C-Max	1 374 kg	486 kg	
Renault Grand Scenic	1 505 kg		2 190 kg
Fiat Doblo	1 415 kg		1 940 kg
Opel Insignia		555 kg	2 165 kg
Porsche 911 Turbo S		290 kg	1 950 kg

⑥ Suche in Fahrzeugpapieren oder in Prospekten bei anderen Fahrzeugen die Angaben für Leermasse, zulässige Ladung und zulässige Gesamtmasse und trage sie in deine Tabelle ein. Vergleiche die Fahrzeuge.

⑦ Erfinde für deinen Partner interessante Aufgaben mit den Angaben in der Tabelle.

⑧ Herr Kleins Wagen hat eine Leermasse von 1 455 kg. Die zulässige Gesamtmasse beträgt 2 010 kg. Der Fahrer ist in die Leermasse bereits eingerechnet. Frau Klein wiegt 56 kg, die Kinder Femke und Timen zusammen 68 kg. Wie viel kg Gepäck kann die Familie einladen?

Ergänze zu einer Tonne.

⑨	⑩	⑪
450 kg	$\frac{1}{2}$ t	333 kg
210 kg	$\frac{1}{4}$ t	66 kg
80 kg	$\frac{3}{4}$ t	1 kg

Ergänze zu einer halben Tonne.

⑫	⑬	⑭
125 kg	328 kg	9 kg
270 kg	283 kg	37 kg
485 kg	111 kg	414 kg

(1) Erklärt, was der Multiplikations-Automat aus der Eingabe macht, wenn man die farbigen Tasten drückt.

(2) Schreibt auf, was der Automat anzeigt, wenn man die blaue Taste drückt.

Rechne alle Aufgaben wie der Automat, wenn du die farbigen Tasten nacheinander drückst.

(3) 8 · 3	(5) 9 · 4	(7) 4 · 6	(9) 3 · 6	(11) 7 · 5	(13) 9 · 2
(4) 7 · 9	(6) 5 · 8	(8) 2 · 4	(10) 7 · 3	(12) 6 · 8	(14) 4 · 10

(15)	(16)	(17)	(18)
6 · 7	5 · 9	8 · 6	3 · 9
6 · 70	5 · 90	80 · 6	30 · 9
6 · 700	5 · 900	800 · 6	300 · 9
6 · 7 000	5 · 9 000	8 000 · 6	3 000 · 9

(19) Erfinde eigene „Treppenaufgaben“.

(20) Erklärt, wie die Kinder die Aufgabe 3 · 5 994 gerechnet haben.
Findet ihr noch einen anderen Weg?

Paul

3 · 5 994 =
3 · 5 000 = 15 000
3 · 900 = 2 700
3 · 90 = 270
3 · 4 = 12

Vanessa

5 994 · 3 =
4 · 3 = 12
90 · 3 = 270
900 · 3 = 2 700
5 000 · 3 = 15 000

Yilmaz

5 994
5 994
+ 5 994

Mein Weg

?

Rechne als Multiplikationsaufgabe.

(21) 6 · 4 108	(22) 7 · 4 926	(23) 4 · 9 520	(24) 8 · 2 601	(25) 3 · 6 689
(26) 6 543 · 8	(27) 5 050 · 5	(28) 9 731 · 4	(29) 8 642 · 6	(30) 4 007 · 9
(31) 3 058 · 3	(32) 7 604 · 2	(33) 2 968 · 7	(34) 1 859 · 9	(35) 7 654 · 10

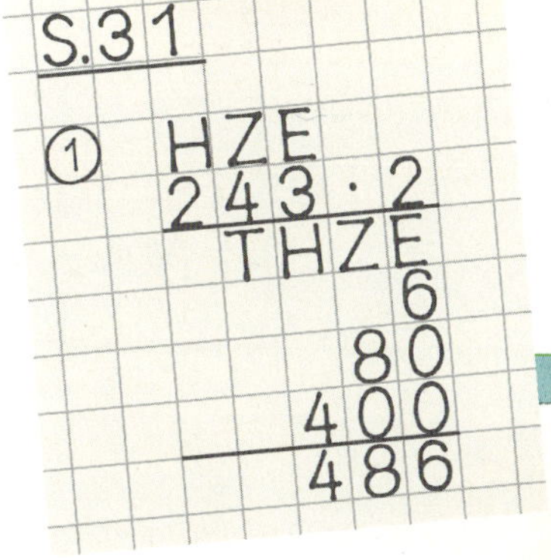

Schreibe mit Stellenwerten.

①	②	③
243 · 2	2 123 · 3	22 021 · 4
712 · 4	4 121 · 4	25 230 · 3
123 · 3	2 101 · 8	10 406 · 6
803 · 2	6 041 · 5	11 051 · 7

④	⑤	⑥
421 · 3	4 221 · 3	30 331 · 2
502 · 4	3 102 · 4	10 212 · 4
714 · 2	6 001 · 5	11 011 · 6
910 · 5	8 124 · 2	23 232 · 3

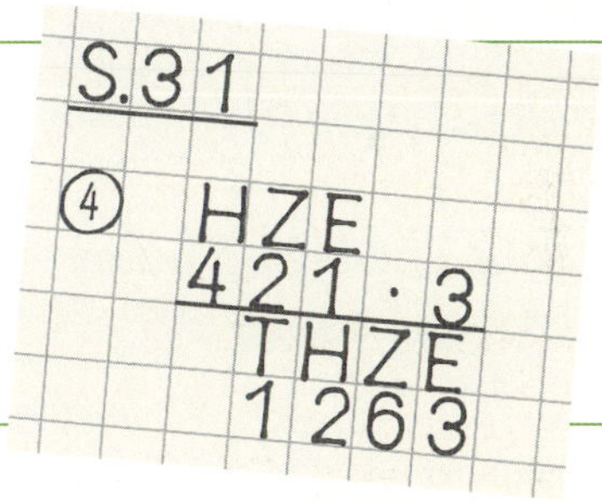

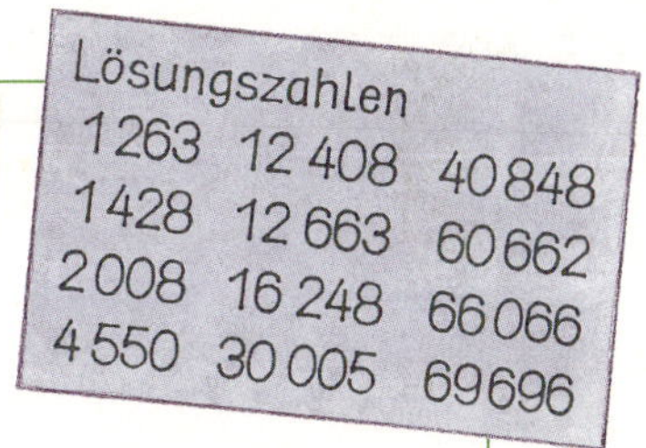

⑦ Sarah fährt täglich mit dem Fahrrad zur Schule. Ihr Tacho zeigt für den Hin- und Rückweg genau 2 010 m an. Wie viele km Schulweg fährt Sarah in einer Schulwoche?

⑧ Max trinkt täglich eine Flasche Mineralwasser mit 700 ml und noch etwa 400 ml andere Getränke. Wie viel Liter Flüssigkeit trinkt Max in einer Woche?

⑨ Für seine Hotelgäste möchte Herr Förster vier Fahrräder kaufen. Mehr als 800 € will er dafür nicht ausgeben. Ein Fahrrad kostet 209 €. Weil er vier Fahrräder kauft, erhält Herr Förster einen Rabatt von 38 € auf den Gesamtpreis.

⑩ 7 600 + 500 =	⑫ 42 700 + 800 =	⑭ 35 100 + 6 000 =	⑯ 51 900 + 30 000 =
7 600 – 500 =	42 700 – 800 =	35 100 – 6 000 =	51 900 – 30 000 =
⑪ 4 700 + 620 =	⑬ 63 000 + 650 =	⑮ 84 000 + 7 700 =	⑰ 71 000 + 28 000 =
4 700 – 620 =	63 000 – 650 =	84 000 – 7 700 =	71 000 – 28 000 =

Die Lösungszahlen dienen zur Selbstkontrolle der Aufgaben 4 bis 6.

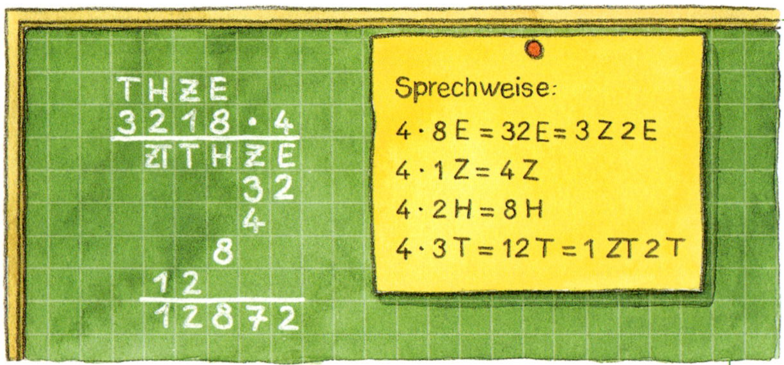

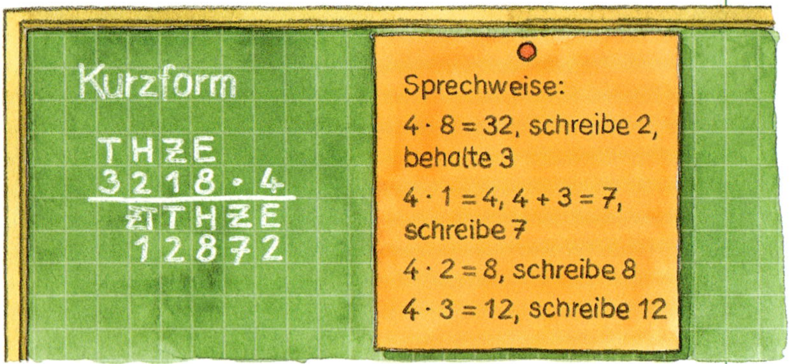

(1) 4 218 · 3
6 103 · 7
2 329 · 2

(2) 7 046 · 5
2 609 · 6
5 041 · 8

(3) 12 182 · 4
21 083 · 3
15 437 · 5

Lösungszahlen
4658 35 230 48 728
12 654 40 328 63 249
15 654 42 721 77 185

Rechne in der Kurzform.

(4) 4 305 · 5
6 261 · 4
1 426 · 7

(5) 7 214 · 8
5 081 · 6
2 109 · 3

(6) 31 017 · 9
42 120 · 4
20 933 · 3

Lösungszahlen
6327 25 044 62 799
9982 30 486 168 480
21 525 57 712 279 153

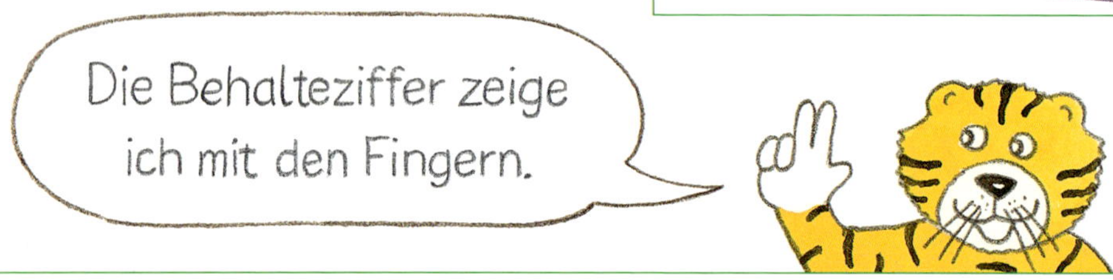

Finde Fragen und rechne.

(7) Im Computerladen herrscht Hochbetrieb. Innerhalb von 2 Tagen wurden 8 Notebooks und 9 Computer verkauft. Ein Notebook kostete 987 € und ein Computer 499 €.

(8) Im Fotogeschäft wurden an einem Tag fünf Blitzgeräte für je 148 €, sieben Digitalkameras für je 376 € und vier Spiegelreflexkameras für je 645 € verkauft.

(9) Der Tiger-Verlag bietet das Buch „Das Geheimnis in der Wüste“ als Sonderangebot für 7 € an. 2 000 Exemplare waren am Lager. 1 629 Bücher sind schon verkauft.

(10) Bratwurst-Otto verkauft auf dem Münsterplatz täglich im Durchschnitt 285 Bratwürste. In der Adventszeit steht Bratwurst-Otto vier Wochen lang jeden Tag auf dem Münsterplatz. Eine Wurst kostet 2 €.

(11)	(12)	(13)	(14)	(15)
835 + 90 =	43 + 770 =	□ + 695 = 703	560 − 76 =	□ − 182 = 640
349 + 70 =	56 + 460 =	□ + 261 = 308	730 − 92 =	□ − 537 = 150
182 + 80 =	64 + 540 =	□ + 487 = 506	370 − 84 =	□ − 306 = 390
673 + 60 =	81 + 180 =	□ + 804 = 902	610 − 58 =	□ − 419 = 520
468 + 50 =	97 + 350 =	□ + 546 = 607	140 − 67 =	□ − 273 = 480
791 + 40 =	29 + 880 =	□ + 753 = 804	420 − 43 =	□ − 694 = 270

 Die Lösungszahlen dienen zur Selbstkontrolle der Aufgaben 1 bis 3 und 4 bis 6.

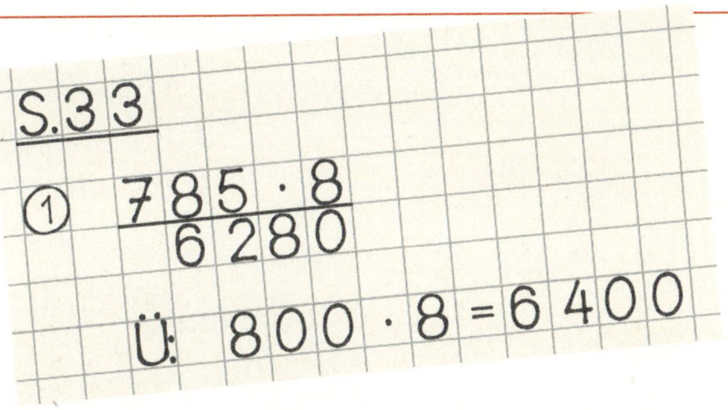

Kontrolliere deine Rechnungen mit einer Überschlagsrechnung.

①	②	③	④
785 · 8	4 796 · 5	2 468 · 6	24 107 · 4
428 · 3	6 409 · 7	3 978 · 9	40 855 · 2
950 · 6	3 810 · 4	7 777 · 7	19 089 · 3
387 · 9	1 564 · 8	9 006 · 5	14 861 · 6
804 · 7	5 901 · 2	8 080 · 8	17 678 · 5

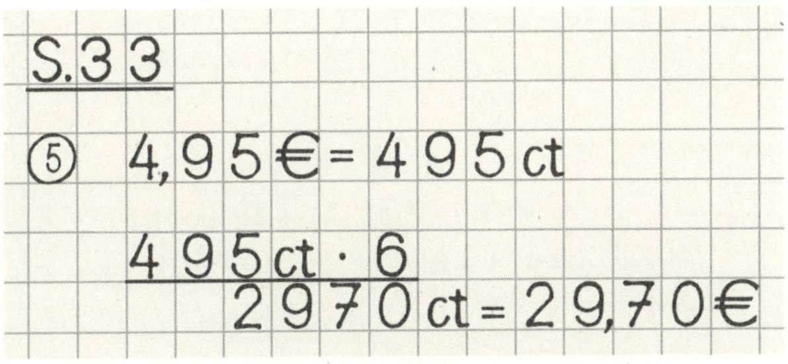

⑤ Julian hat Geburtstag und lädt seine fünf Freunde zum Eislaufen ein. Für jedes Kind muss Julians Mutter 4,95 € bezahlen.

⑥ Für die Feier in der Schule kauft Frau Weltin sieben Beutel Äpfel. Ein Beutel kostet 3,49 €.

⑦ Herr Wagner kauft acht Bücher, drei davon zu einem Preis von je 15,75 € und fünf Bücher zu einem Preis von je 21,90 €.

⑧ Jeden Tag fliegt die Lufthansa von Frankfurt nach Hongkong. Das Flugzeug kann höchstens 364 Passagiere befördern.

a) Wie viele Personen können pro Woche, pro Monat (4 Wochen) und pro Jahr mit dem Flug nach Hongkong befördert werden?

b) Vergleiche die Zahlen mit den Einwohnerzahlen deines Wohnorts.

Partnerarbeit

⑨ Legt 10 Ziffernkärtchen vor euch hin. Zieht 4 Kärtchen, bildet damit eine vierstellige Zahl und schreibt sie ins Heft. Zieht ein 5. Kärtchen und multipliziert die vierstellige Zahl mit dieser Zahl. Jeder rechnet für sich. Vergleicht das Ergebnis. Haben beide richtig gerechnet?

Wandle um.

① 479 ct = □ €
901 ct = □ €
5 630 ct = □ €
6,48 € = □ ct
0,75 € = □ ct
20,04 € = □ ct

② 7 m 32 cm = □ m
0 m 84 cm = □ m
12 m 5 cm = □ m
596 cm = □ m
1 000 cm = □ m
1 cm = □ m

③ 8,125 kg = □ g
3,007 kg = □ g
20,980 kg = □ g
5 g = □ kg
8 080 g = □ kg
48 g = □ kg

④ 6 h = □ min
2 h 50 min = □ min
5 h 5 min = □ min
180 min = □ h
540 min = □ h
660 min = □ h

Ergänze.

⑤ 530 kg + □ = 1 t
1 480 kg + □ = 2 t
2 020 kg + □ = 3 t
6,990 t + □ = 10 t
12,500 t + □ = 20 t
29,001 t + □ = 30 t

⑥ 45 min + □ = 1 h
150 min + □ = 3 h
290 min + □ = 5 h
580 min + □ = 10 h
205 min + □ = 4 h
418 min + □ = 7 h

⑦ 13,50 € + □ = 20 €
17,95 € + □ = 20 €
9,15 € + □ = 20 €
40,60 € + □ = 50 €
25,80 € + □ = 50 €
4,99 € + □ = 50 €

Wandle um und rechne schriftlich.

⑧ 71,05 € – 2 486 ct
8 321 g – 4 kg 99 g
8 h – 360 min

⑨ 3 l 684 ml · 7
205,50 € · 4
14 km 39 m · 6

⑩ 37 m 56 cm + 4,91 m + 802 cm
5 603 m + 10 km 50 m + 0,485 km
4,123 l + 1 847 ml + 2 l 8 ml

⑪

Anzahl der Rohre	1	2	4	9	18
Länge		3 m			

⑫

Anzahl der Hefte	1	2	5	7	
Gewicht			400 g		960 g

⑬

Anzahl der Bleistifte	Preis
1	40 ct
2	
4	
5	
10	

⑭

Gewicht des Käses	Preis
100 g	2,20 €
50 g	
200 g	
250 g	
1 kg	

⑮

Anzahl der Flaschen	Inhalt
1	1,500 l
3	
6	
12	
15	

Löse mit Tabellen.

⑯ Ein Zaunstück ist 2,50 m lang. Wie lang sind 3, 5, 7 und 9 Zaunstücke?

⑰ In eine Badewanne passen etwa 200 l Wasser. Der Gartenteich der Familie Matt fasst rund 3 800 l Wasser.

⑱ Ein Blumenstrauß mit 7 Astern kostet 5,60 €. Herr Kaiser schenkt seiner Tochter einen Strauß mit 15 Astern.

⑲ Drei Dosen Erbsen wiegen 510 g. Für den Eintopf braucht Frau Peters 850 g Erbsen.

Skizze:

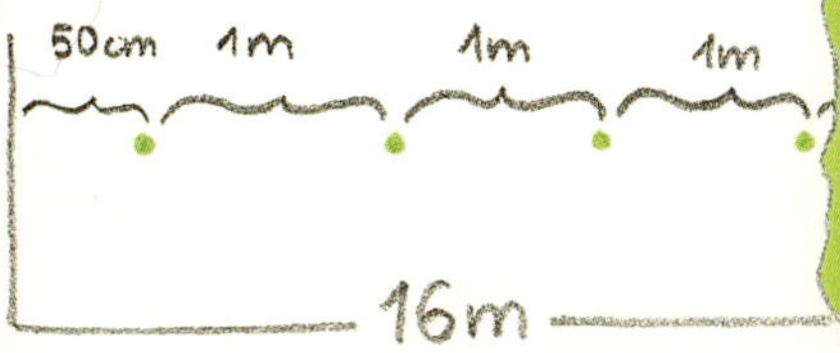

Ⓐ Frau Kinkel fährt täglich um 6.15 Uhr los zur Arbeit. Für die Fahrt benötigt sie normalerweise 35 Minuten. Sie arbeitet 6 Stunden ohne Pause und fährt dann wieder zurück. Um wie viel Uhr ist sie wieder zu Hause?

Tabelle:

Kartons	Riegel
1	8
2	16
5	40
10	80
30	

Ⓑ Frau Pilz bestellt für ihr Geschäft Müsliriegel. In einem Karton sind 8 Riegel. Frau Pilz möchte 300 Müsliriegel auf Vorrat haben. Wie viele Kartons muss sie mindestens bestellen?

Pfeilbild:

6.15 Uhr —35 min→ 6.50 Uhr —6 h→

Ⓒ Herr Yaci pflanzt auf seinem 16 m langen Grundstück eine Hecke. Er beginnt 50 cm vom Rand entfernt und pflanzt dann jeden Meter eine Staude. Wie viele Pflanzen benötigt Herr Yaci?

① Ordne die Lösungshilfen den Aufgaben zu. Löse dann die Aufgaben.

Suche für jede Aufgabe eine passende Lösungshilfe und löse sie.

② Jonas ist heute 1,39 m groß. Seit seiner Geburt ist er 92 cm gewachsen. Wie groß war Jonas bei seiner Geburt?

Beginne bei Sachaufgaben so:

- Aufgabe genau lesen
- Inhalt einem Partner erzählen und mit ihm besprechen
- wichtige Angaben unterstreichen
- unnötige Angaben durchstreichen
- wenn nötig Fragen überlegen
- Ist eine Skizze, ein Pfeilbild oder eine Tabelle sinnvoll?

③ Julia telefoniert mit ihrer Freundin in England. Das Gespräch kostet beim günstigsten Telefonanbieter 3 ct pro Minute. Julia spricht 18 Minuten lang. Was kostet das Gespräch?

④ Beim Schulausflug fuhr der Bus am Morgen um 8.15 Uhr an der Schule ab. Nach 1 Stunde und 30 Minuten wurde eine 20-minütige Pause eingelegt. Bis zum Ziel am Freilichtmuseum dauerte die Fahrt dann nochmals 45 Minuten.

⑤ Herr Jäger hat einen 12 m hohen Baum gefällt. Er sägt ihn in Stücke von 2 m Länge. Wie oft muss Herr Jäger sägen?

⑥ Katrin denkt sich eine Zahl. Zuerst multipliziert sie mit 6, danach addiert sie 240. Zum Schluss dividiert sie die Zahl durch 90 und erhält 8.

⑦ Der Preis für 1 l Benzin beträgt etwa 1,70 €. Frau Löhle hat 53 Liter in ihr Auto getankt. Ben meint: „Dann hast du ja fast 100 € ausgegeben!“ Stimmt Bens Behauptung?

① Beim Schulfest startete ein Heißluftballon. Die Vorbereitungen begannen um 12.30 Uhr und dauerten 1 h 40 min. Dann hob der Ballon ab. Nach der Landung brauchten die Ballonfahrer 50 min, um den Ballon einzupacken. Um 18.30 Uhr waren sie fertig. Wie lange war der Heißluftballon in der Luft?

② Das Faultier heißt Faultier, weil es drei Viertel eines Tages schläft. Es bewegt sich auch sehr langsam. Für eine Strecke von 5 Metern braucht es 2 Minuten.

a) Wie viel Stunden schläft das Faultier täglich?

b) Wie viel Meter schafft das Faultier in einer Stunde?

③ Eine große Autobahnbrücke ist 360 m lang. Von jeder Seite sind es 50 m bis zum ersten Pfeiler. Die Brücke hat 5 Pfeiler, die alle den gleichen Abstand voneinander haben. Jeder Pfeiler ist 4 m breit. Wie groß ist der Abstand zwischen den Pfeilern?

④ Herr Rinderle möchte seine Pferdekoppel neu einzäunen. Die Koppel ist 77 m lang und 39 m breit. Den Draht möchte er doppelt spannen. Am 3 m breiten Eingang wird kein Draht gespannt. Wie viel Meter Draht muss Herr Rinderle kaufen?

Vorsicht bei diesen Aufgaben!

⑤ Samira braucht jeden Tag 10 Minuten, um ihre beiden Zwerghasen zu füttern. Wenn sie den Stall ausmistet, braucht sie 15 Minuten länger. Wie alt sind die beiden Hasen?

⑥ Ralfs Eltern wandern gerne in den Bergen. Sie sind schon auf der 2 643 m hohen Zimba, auf dem 2 713 m hohen Watzmann und auf dem Piz Buin (3 312 m) gewesen. Wie weit sind Ralfs Eltern insgesamt gewandert?

⑦ Finde zu den Aufgaben 5 und 6 Fragen, die man beantworten kann.

⑧ Bilde die Summe aus

37 802 und 48 195
64 953 und 29 170
25 771 und 51 946
10 934 und 75 687

⑨ Bilde die Differenz aus

91 342 und 78 568
80 043 und 29 157
62 041 und 35 869
51 000 und 49 656

⑩ Bilde das Produkt aus

23 704 und 4
19 853 und 5
7 und 9 871
9 und 8 063

Rechne schriftlich. Kontrolliere mit der Überschlagsrechnung.

(1) 67 834 + 3 792 + 19 851
206 + 37 518 + 54 + 1 698
38 797 + 25 074 + 362

(2) 41 036 – 28 619
92 143 – 58 657
80 021 – 34 932

(3) 5 679 · 6
8 935 · 8
9 407 · 5

(4) Ein Lkw wiegt mit der Ladung genau 16,500 t. Der Fahrer weiß, dass sein Lkw ohne Ladung 9 750 kg wiegt.

(5) Drei Maschinen wiegen zusammen 0,750 t.
a) Auf seinen Anhänger darf Herr Braun max. 600 kg laden.
b) Herr Wagner kann mit seinem kleinen Laster 8 Maschinen transportieren.

(6) Im Haus von Frau Baumann wohnen 9 Personen. Jede Person verbraucht durchschnittlich 128 Liter Wasser am Tag. Wie viel Liter Wasser verbrauchen alle Personen zusammen
a) an einem Tag, b) in einer Woche,
c) in vier Wochen?

(7) Für das Esszimmer kauft Frau Kraft 6 Stühle. Ein Stuhl kostet 79,90 €. Sie bezahlt mit drei 200-€-Scheinen.

(8) Beim Skitag wurden für den Slalom Stangen in einer Reihe gesteckt. Der Abstand zwischen den Stangen beträgt 11 m. Die Strecke zwischen der ersten und letzten Stange beträgt genau 99 m. Wie viele Stangen wurden gesteckt?

(9) Busfahrer Schobloch begann seinen Dienst mit der ersten Fahrt um 5.35 Uhr. Um 13.20 Uhr endet sein Dienst. Die reine Fahrzeit betrug genau 7 Stunden.

(10) Herr Schmid ist 6 Jahre älter als seine Frau. Zusammen sind sie 74 Jahre alt.

Ergänze.

(11) 350 kg + ☐ = 1 t
562 kg + ☐ = 1 t
$\frac{1}{2}$ t + ☐ = 1 t

(12) ☐ + 459 kg = 1 t
☐ + 208 kg = 1 t
☐ + $\frac{3}{4}$ t = 1 t

(13) 2 370 kg + ☐ = 10 t
4 173 kg + ☐ = 10 t
85 kg + ☐ = 10 t

(14) ☐ + 6 095 kg = 10 t
☐ + 1 756 kg = 10 t
☐ + 258 kg = 10 t

Schreibe jeweils auf drei Arten.

(15) 27 430 kg
81 074 kg
500 kg

(16) 13,539 t
0,002 t
7,500 t

(17) 9 t 835 kg
36 t 630 kg
0 t 91 kg

Wandle um und rechne schriftlich.

(18) 3,786 t + 4 175 kg + 1 t 924 kg
12 059 kg + 21 t + 6,700 t

(19) 20 061 kg – 2 t 87 kg
54,002 t – 38 019 kg

(20) 7,538 t · 6
9 t 15 kg · 8

(21) 3 · 8 = 3 · 100 =
3 · 10 = 3 · 800 =
3 · 18 = 3 · 808 =
3 · 80 = 3 · 880 =
3 · 88 = 3 · 818 =

(22) 7 · 4 = 7 · 100 =
7 · 10 = 7 · 400 =
7 · 14 = 7 · 404 =
7 · 40 = 7 · 440 =
7 · 44 = 7 · 414 =

(23) 5 · 9 = 5 · 100 =
5 · 10 = 5 · 900 =
5 · 19 = 5 · 909 =
5 · 90 = 5 · 990 =
5 · 99 = 5 · 919 =

1 Bei den Bundesjugendspielen erzielen Sofie, Marius und Julian die besten Ergebnisse. Julian wirft 6 m weiter als Sofie. Sofie wirft 3 m weiter als Marius. Zusammen werfen sie 111 m weit. Wie weit wirft jedes der drei Kinder?

2 Bei einer Autobahnfahrt mit dem neuen Auto entdeckt Jonas, dass auf dem Kilometerzähler die ANNA-Zahl 1551 steht. Mit welcher Durchschnittsgeschwindigkeit muss Jonas' Mutter fahren, um nach genau einer Stunde die nächste ANNA-Zahl auf dem Kilometerzähler zu haben?

1	2	3	4	5	6	7	8	9	10
11	12	13	14	15	16	17	18	19	20
21	22	23	24	25	26	27	28	29	30
31	32	33	34	35	36	37	38	39	40
41	42	43	44	45	46	47	48	49	50
51	52	53	54	55	56	57	58	59	60
61	62	63	64	65	66	67	68	69	70
71	72	73	74	75	76	77	78	79	80
81	82	83	84	85	86	87	88	89	90
91	92	93	94	95	96	97	98	99	100

3 Ein Hunderterfeld ist auf der Vorder- und auf der Rückseite bedruckt.

Welche Zahl ist auf der Rückseite der Zahl 100, der Zahl 58, der Zahl 23 und der Zahl 19?

Welche Zahlen wären es, wenn die Rückseite auf dem Kopf gedruckt wäre?

4 Michael will seine Postleitzahl nicht nennen. Er sagt: „Wie jede deutsche Postleitzahl besteht auch meine aus 5 Ziffern. Wenn ich die erste und die zweite Ziffer addiere, erhalte ich 17, wenn ich die zweite und die dritte addiere, erhalte ich 15. Ebenso, wenn ich die dritte und vierte Ziffer addiere. Die Summe der letzten beiden Ziffern ist 9. Die Summe der ersten und der letzten Ziffer ist 8. Wie lautet meine Postleitzahl?"

5 Nimm 6 Plättchen so weg, dass in jeder Zeile und Spalte gleich viele Plättchen liegen bleiben.

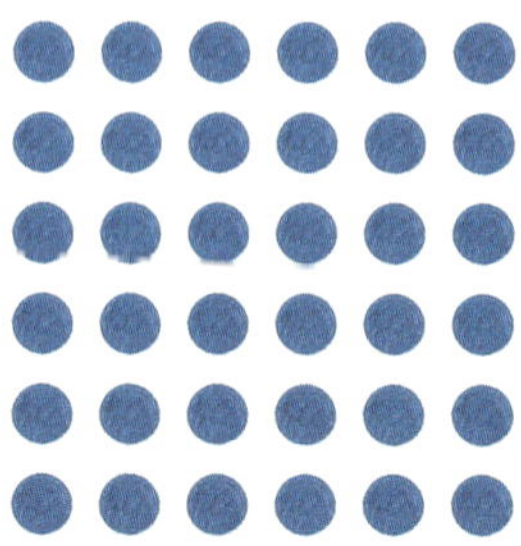

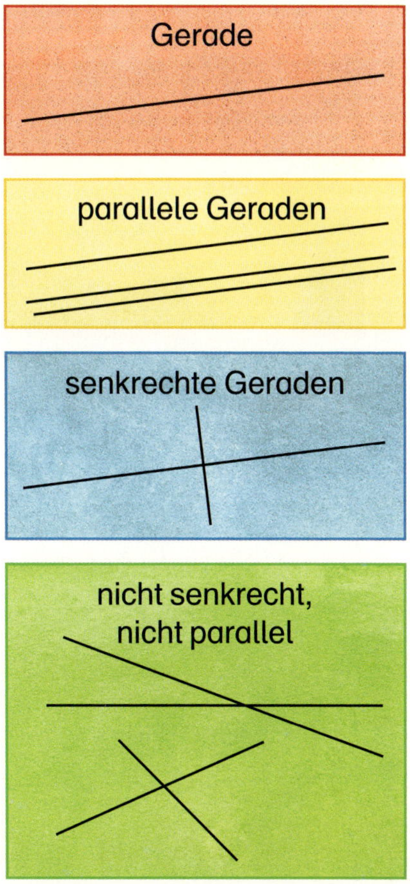

① Saskia hat ein Bild mit Geraden und Kreisen gezeichnet.
Wo entdeckst du parallele Geraden?
Wo entdeckst du senkrechte Geraden?

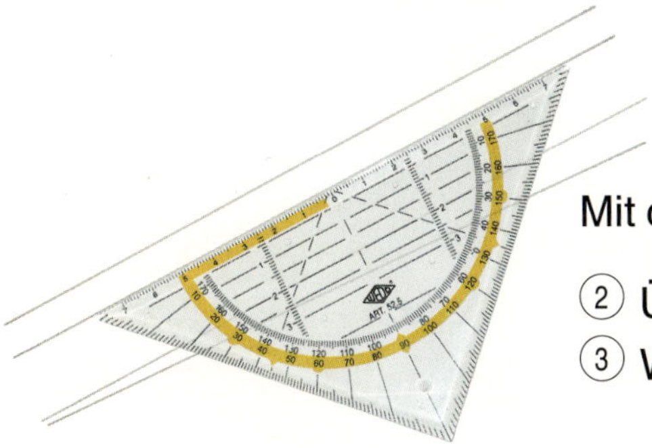

Mit dem Geodreieck kannst du parallele Geraden überprüfen.

② Überprüfe deine Vermutung von Aufgabe 1 mit dem Geodreieck.

③ Wo entdeckst du parallele Geraden im Klassenzimmer?

④ Baue dir so einen Faltwinkel. Kennzeichne den rechten Winkel.

⑤ Finde mit dem Faltwinkel rechte Winkel im Klassenzimmer.

⑥ Male wie Saskia ein Bild mit parallelen und senkrechten Geraden.

⑦ Benenne die Formen. Finde parallele Geraden und rechte Winkel.

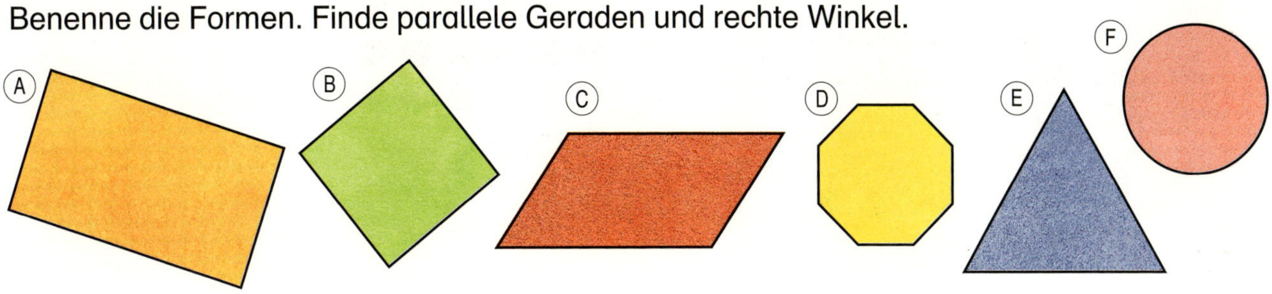

Mit dem Geodreieck kannst du senkrechte Geraden zeichnen.

① Zeichne mit dem Geodreieck auf ein weißes Papier Quadrate mit der Seitenlänge

a) 4 cm, b) 2 cm,
c) 3, 5 cm, d) 5, 2 cm.

② Zeichne auch Rechtecke.

a) Länge: 6 cm, Breite: 2 cm
b) Länge: 7 cm, Breite: 4 cm
c) Länge: 5,5 cm, Breite: 2,5 cm
d) Länge: 6,7 cm, Breite: 3,8 cm

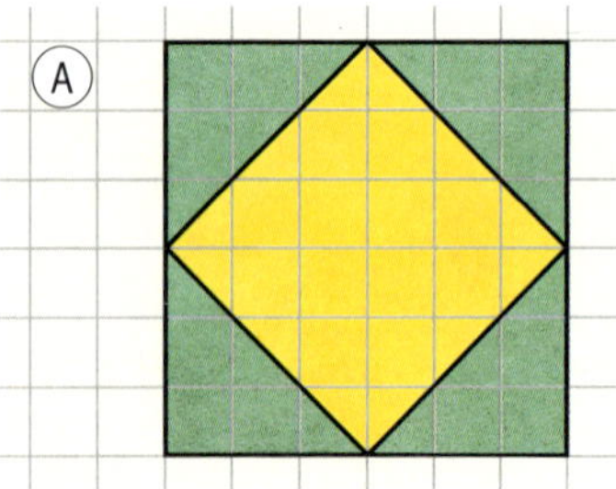

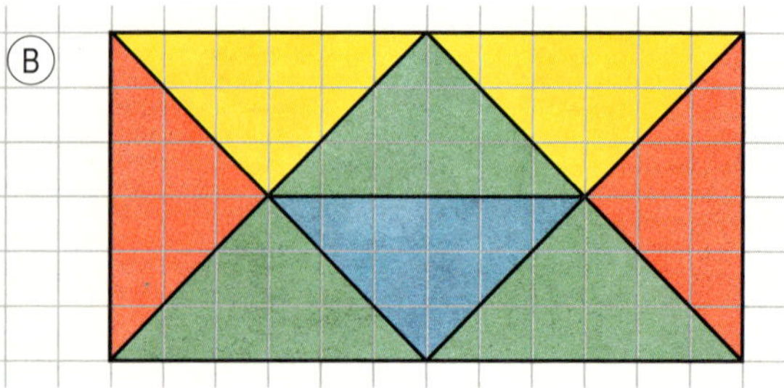

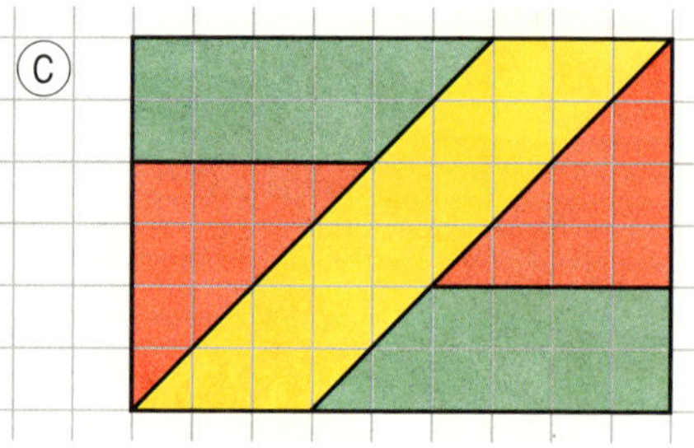

③ Zeichne die Figuren A bis C in dein Heft und kennzeichne die rechten Winkel in den Figuren so: 

Zeichne die Muster aus parallelen und senkrechten Geraden ab.

④

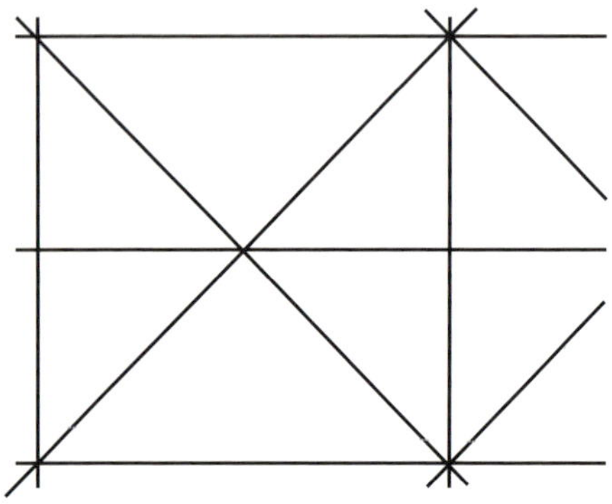

⑤

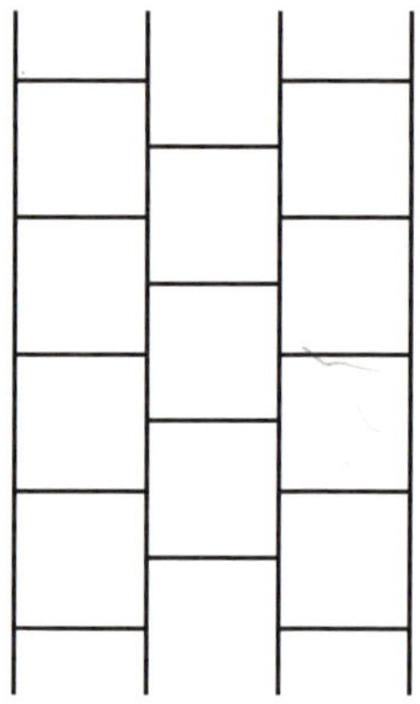

⑥

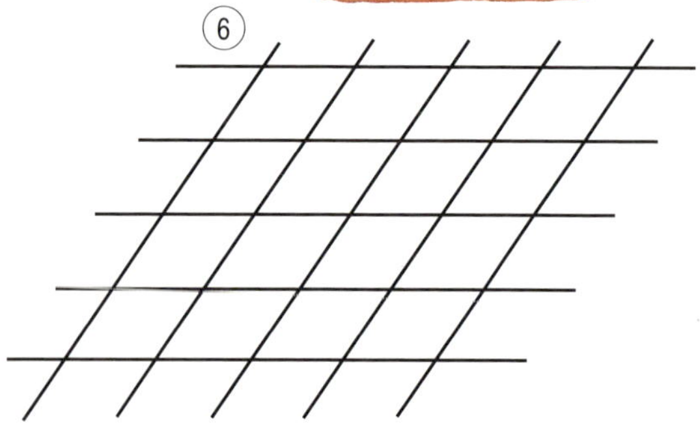

⑦ Erfinde eigene Figuren und Muster.

Bei diesen Bildern wird das Auge getäuscht. Finde parallele Linien.

⑧

⑨

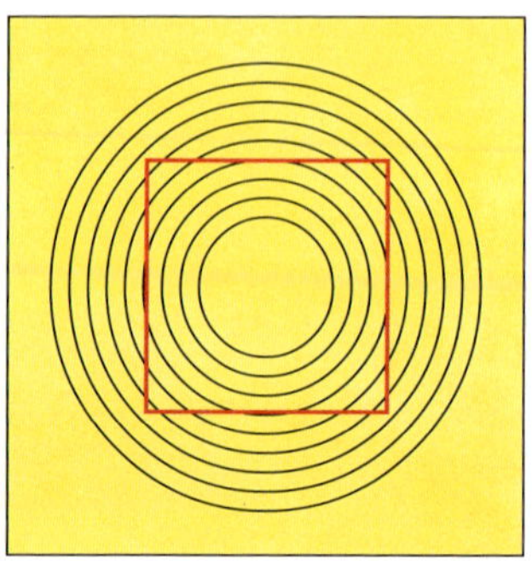

⑩

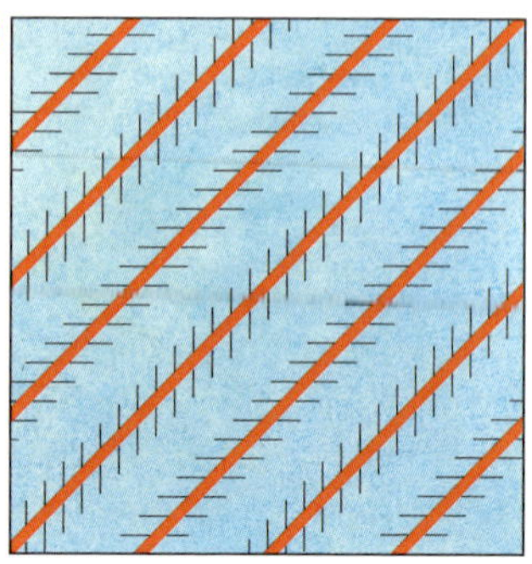

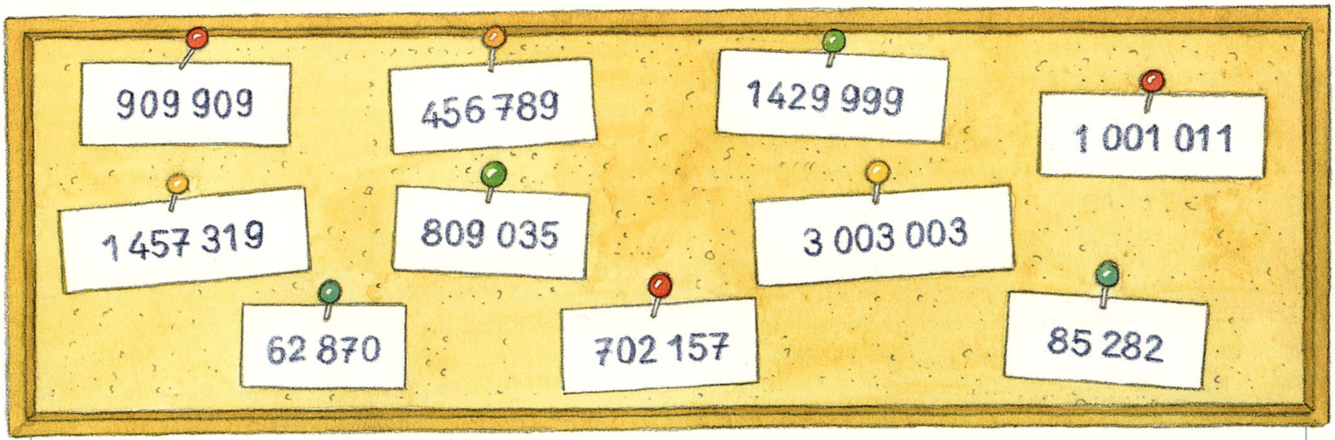

(1) Welche Zahlen kannst du schon lesen?

(2) Erkläre, warum die Zahlen Lücken, und welche Bedeutung die Farben in der Stellenwerttabelle haben.

(3) Schreibe die Zahlen der Größe nach geordnet in eine Stellenwerttabelle. Beginne mit der kleinsten Zahl. Lies die Zahlen laut.

M	HT	ZT	T	H	Z	E
		6	2	8	7	0

DAS MILLIONEN-SPIEL

(4) Die Zahlenkärtchen liegen verdeckt auf einem Stapel. Nacheinander zieht jeder Spieler ein Kärtchen und legt es auf eine Stelle der Stellenwerttabelle. Dort darf er es nicht mehr wegnehmen. Wenn alle Stellenwerte gefüllt sind, liest jeder seine Zahl vor. Wer die größte (kleinste) Zahl gelegt hat, erhält einen Punkt.

Ordne die Stellenwerte und schreibe die Zahlen mit Ziffern auf.

(5) 4ZT 3H 2T 8E 3Z
(6) 9E 7H 0ZT 5T 6HT 2Z
(7) 5H 2ZT 1M 9Z 6HT 3T 8E
(8) 8HT 7T 6H 5E 4M 2Z 9ZT
(9) 7HT 3H 2ZT 4E
(10) 1M 1E 1ZT 1H 1T
(11) 3E 3M 3ZT
(12) 9T 9E 9HT 9M

(13) Lies die Zahlen und schreibe sie mit Ziffern auf.
a) einhundertsechsundvierzigtausenddreihundertneunzehn
b) dreihunderttausenddrei
c) siebenhundertsechzigtausendfünfhundertachtundzwanzig
d) eine Million zwölftausend

(14) Suche in Sachbüchern und im Internet nach interessanten großen Zahlen. Hier sind einige Beispiele:

Anzahl der Menschen auf der Erde.

Entfernung der Erde zum Mars.

Anzahl der Byte, die ein Heimcomputer speichern kann.

Kosten für das Gebäude Taipeh 101.

Anzahl der Steine, mit denen die Cheopspyramide gebaut wurde.

Anzahl der Ameisen auf der Erde.

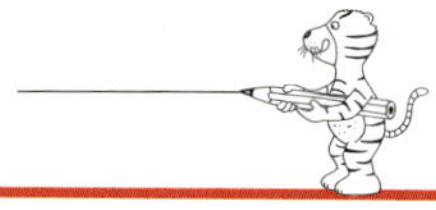

(1) Zeige an dem Zahlenstrahl, wo diese Zahlen ungefähr liegen. Begründe deine Vermutung.

a) 147 329	c) 368 744	e) 690 180	g) 808 300
b) 298 102	d) 500 001	f) 750 000	h) 999 999

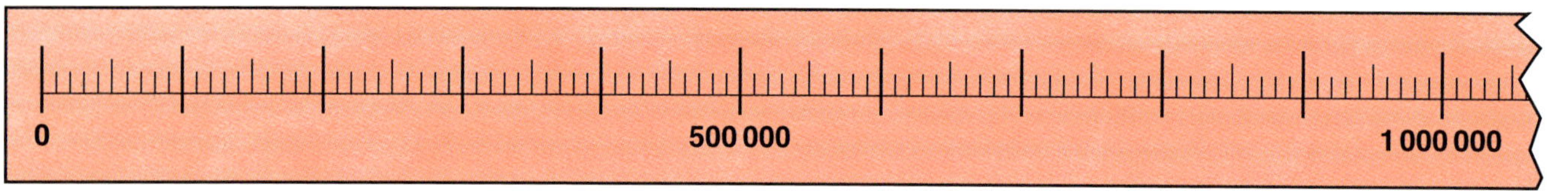

(2) Zeige nun an jedem Zahlenstrahl A bis E, wo die Zahl 147 329 liegt.
Was fällt dir auf?

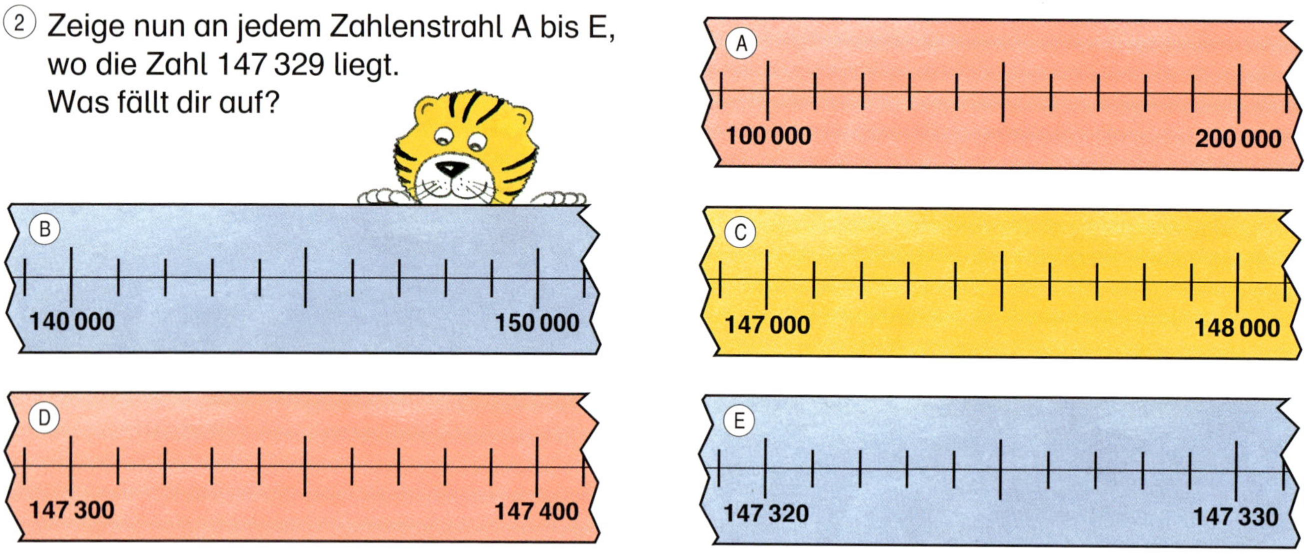

(3) Schreibe jede der anderen Zahlen von Aufgabe 1 mit ihren Nachbarzehnern auf.

(4) Zeichne mit den Nachbarzehnern Zahlenstrahlausschnitte wie beim Zahlenstrahl E und trage die Zahlen von Aufgabe 1 ein.

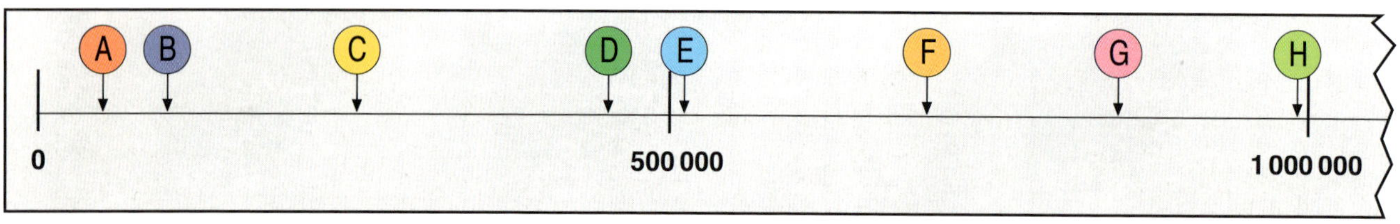

(5) Welche Zahlen könnten bei den Buchstaben A bis H stehen?
Vergleiche dein Ergebnis mit deinem Partner.

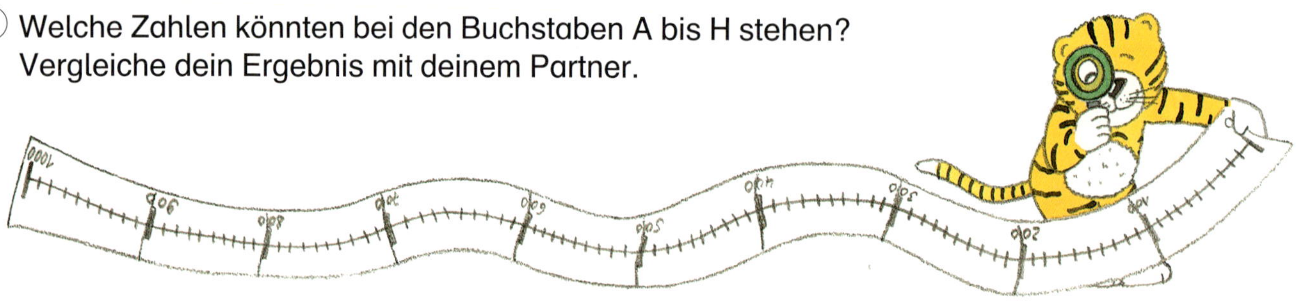

Partnerarbeit

(6) Lies deinem Partner eine Zahl vor und zähle jeweils um zehn Zahlen weiter.
Dann wird gewechselt.

a) 180 000	c) 365 760	e) 532 993	g) 789 996	i) 889 994
b) 240 000	d) 412 340	f) 656 997	h) 829 998	j) 999 993

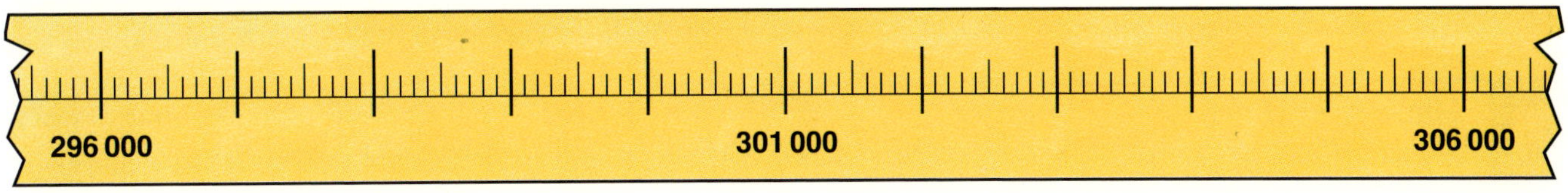

① Zeige, wo die Zahlen ungefähr auf dem Zahlenstrahl liegen. Schreibe sie dann mit ihren Vorgängern und Nachfolgern auf.

a) 296 800 d) 300 490 g) 303 725
b) 298 350 e) 302 100 h) 304 009
c) 299 999 f) 302 380 i) 305 820

	V	Zahl	N
a)	296 799	296 800	296 801
b)			

② Finde zu jeder Zahl die Nachbarzehner, die Nachbarhunderter und die Nachbartausender und trage sie in eine Tabelle ein.

Nachbar-tausender	Nachbar-hunderter	Nachbar-zehner	**Zahl**	Nachbar-zehner	Nachbar-hunderter	Nachbar-tausender
153 000	153 400	153 470	153 478	153 480		
			204 635			
			390 110			
			469 250			
			500 000			
			779 779			
			999 999			

③ a) 55 000 —+ 3 000→ ☐ —+ 3 000→ ☐ —+ 3 000→ ☐ —+ 3 000→ ☐ —+ 3 000→ ☐

b) 673 000 —– 25 000→ ☐ —– 25 000→ ☐ —– 25 000→ ☐ —– 25 000→ ☐ —– 25 000→ ☐

c) 154 600 —+ 4 500→ ☐ —– 3 200→ ☐ —+ 4 500→ ☐ —– 3 200→ ☐ —+ 4 500→ ☐

④ Finde die Regel und setze die Zahlenfolgen fort.

a) 55 000, 56 400, 57 800, 59 200, … 66 200
b) 68 250, 66 000, 63 750, 61 500, … 50 250
c) 380 000, 425 000, 409 000, 454 000, 438 000, … 541 000
d) 1 000 000, 967 000, 969 800, 936 800, 939 600, … 846 200

⑤ 300 : 6 =
360 : 6 =
420 : 6 =
…

⑥ 2 000 : 5 =
1 500 : 5 =
1 000 : 5 =
…

⑦ 72 : 9 =
720 : 9 =
7 200 : 9 =
…

⑧ 12 000 : 3 =
15 000 : 3 =
18 000 : 3 =
…

Rechne im Kopf.

① 410 000 + 250 000 =
330 000 + 520 000 =
610 000 + 190 000 =
128 000 + 50 000 =
254 000 + 16 000 =
517 000 + 70 000 =

② 690 000 + 230 000 =
130 000 + 480 000 =
440 000 + 570 000 =
3 500 + 350 000 =
808 + 808 000 =
99 000 + 901 000 =

③ 890 000 – 450 000 =
780 000 – 380 000 =
490 000 – 260 000 =
253 000 – 30 000 =
686 000 – 14 000 =
367 000 – 4 000 =

④ 620 000 – 480 000 =
540 000 – 250 000 =
910 000 – 190 000 =
187 000 – 8 000 =
390 000 – 31 000 =
555 000 – 500 =

⑤ 54 : 6 =
540 : 6 =
5 400 : 6 =
54 000 : 6 =
540 000 : 6 =

⑥ 63 : 7 =
630 : 7 =
6 300 : 7 =
63 000 : 7 =
630 000 : 7 =

⑦ 35 : 5 =
350 : 5 =
3 500 : 5 =
35 000 : 5 =
350 000 : 5 =

⑧ 40 : 8 =
400 : 8 =
4 000 : 8 =
40 000 : 8 =
400 000 : 8 =

Ordne die Stellenwerte,
schreibe die Zahlen mit Ziffern auf und lies sie.

⑨ a) 3 T 6 E 5 H 7 Z 4 HT 8 ZT
b) 7 HT 4 Z 9 H 1 ZT 2 E
c) 5 E 2 HT 6 H 1 T
d) 8 H 3 E 7 T 5 HT

⑩ a) 2 E 4 H 8 M 6 ZT
b) 3 Z 7 M 1 T 5 HT
c) 9 E 9 H 9 ZT 9 M
d) 43 E 8 ZT 16 HT

⑪ Ich denke mir eine siebenstellige Zahl. Sie hat vier Zehntausender, doppelt so viele Millionen, halb so viele Hunderter und halb so viele Einer wie Hunderter. Die restlichen Ziffern sind Nullen.

Finde die Regel und rechne weiter.

⑫ 202 020 + 2 =
202 020 + 20 =
202 020 + 200 =
…

⑬ 890 000 – 800 000 =
890 000 – 80 000 =
890 000 – 8 000 =
…

⑭ 8 · 6 =
8 · 60 =
8 · 600 =
…

⑮ 4 · 7 =
40 · 7 =
400 · 7 =
…

⑯ 540 000 : 9 =
54 000 : 9 =
5 400 : 9 =
…

⑰ 3 500 000 : 5 =
3 500 000 : 50 =
3 500 000 : 500 =
…

Rechne schriftlich.

⑱ 432 539 + 183 768 + 91 094
247 851 + 5 937 + 802 968
234 567 + 654 321 + 111 111
98 765 + 102 030 + 3 456 789

⑲ 748 576 – 302 451
673 529 – 491 638
912 345 – 678 901
8 080 808 – 808 080

⑳ 48 576 · 5
67 359 · 6
591 648 · 7
783 021 · 8

312 684 046

Runden und Rechnen mit großen Zahlen

Rund 174 000 Zuschauer besuchten ein WM-Fußballspiel in Brasilien.
Es sind:
- ◯ 174 510
- ◯ 173 850
- ◯ 173 490

Zuschauer

Der Erdumfang am Äquator beträgt rund 40 000 km.
Es sind:
- ◯ 39 495 km
- ◯ 41 003 km
- ◯ 40 075 km

In Deutschland gibt es rund 2 800 000 Grundschüler.
Es sind:
- ◯ 2 837 700
- ◯ 2 739 800
- ◯ 2 873 400

Grundschüler

Der Porsche 918 Spyder kostet rund 770 000 €.
Der Porsche kostet genau:
- ◯ 764 026 €
- ◯ 775 026 €
- ◯ 768 026 €

① Einige Schüler der Klasse 4 haben ein Rundungsquiz vorbereitet. Finde jeweils die richtige Zahl heraus. Beachte dabei die Rundungsregeln.

② Fertige für deine Mitschüler ein Rundungsquiz für folgende Angaben:
- Besucher eines Fußballspiels: 59 315 Besucher
- Entfernung von der Erde zum Mond: 387 476 km
- Preis eines Schlosses in Mecklenburg: 2 495 000 €
- Schüler in Deutschland: 8 796 894 Schüler

③ Suche selbst im Lexikon oder im Internet große Zahlen für weitere Aufgaben des Rundungsquiz.

Runde die Zahlen.

zum Hunderttausender		zum Zehntausender		zum Tausender	
④ 345 812	⑤ 1 274 290	⑥ 882 390	⑦ 2 385 429	⑧ 258 343	⑨ 1 672 451
857 463	3 903 807	331 882	5 404 367	631 505	3 001 901
960 012	8 034 570	403 981	7 598 102	798 294	8 799 600
555 555	4 649 000	996 003	6 043 534	979 797	9 405 499

Ben hat zu zwei der Aufgaben A bis D eine Überschlagsrechnung gerechnet und die Ergebnisse 450 000 und 490 000 erhalten.

⑩ Auf welche Stelle hat Ben gerundet?

⑪ Zu welchen Rechnungen passen seine Ergebnisse?

⑫ Finde weitere Aufgaben, zu denen Bens Ergebnisse passen.

Ⓐ 707 070 − 235 678

Ⓑ 842 370 − 394 651

Ⓒ 128 420 + 340 043

Ⓓ 248 715 + 236 236

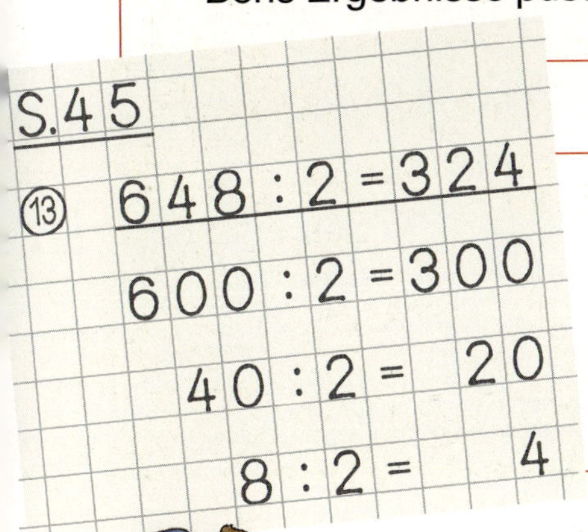

Dividiere die großen Zahlen.

⑬	⑭	⑮	⑯	⑰
648 : 2 =	9 369 : 3 =	8 484 : 4 =	7 707 : 7 =	67 820 : 2 =
840 : 4 =	2 684 : 2 =	4 806 : 2 =	9 009 : 9 =	88 044 : 4 =
808 : 8 =	5 050 : 5 =	6 069 : 3 =	8 080 : 8 =	90 693 : 3 =

Hauptstadt	Einwohner
Berlin	3 501 872
Bremen	548 319
Dresden	529 781
Düsseldorf	592 393
Erfurt	206 384
Hamburg	1 798 836
Hannover	525 875
Kiel	242 041
Magdeburg	232 364
Mainz	200 957
München	1 378 176
Potsdam	158 902
Saarbrücken	176 135
Schwerin	95 300
Stuttgart	613 392
Wiesbaden	278 919

① a) Schreibe die drei größten Landeshauptstädte und die drei kleinsten Landeshauptstädte mit ihren Einwohnerzahlen auf.
b) Runde die Einwohnerzahlen dieser Städte zu Zehntausendern.

② Stelle die gerundeten Einwohnerzahlen der sechs Städte mit Symbolen dar: Male ein Symbol (lila) für je 1 000 000 Einwohner, ein Symbol (gelb) für je 100 000 Einwohner und ein ● für je 10 000 Einwohner.

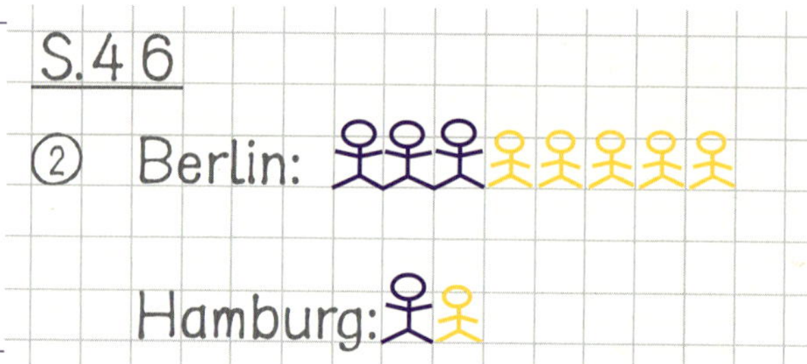

③ a) Wie viele Einwohner hat die größte Landeshauptstadt mehr als die kleinste?
b) Wie viele Einwohner hat die kleinste Landeshauptstadt weniger als deine Landeshauptstadt?
c) Wie viele Menschen leben in der größten Landeshauptstadt mehr als in deiner Landeshauptstadt?

④ Dies sind die Schul- und Schülerzahlen der Stadt Berlin. Erfindet Aufgaben mit diesen Zahlen.

	Grundschulen	Integrierte Sekundarschulen	Gymnasien	Freie Waldorfschulen	Förderschulen
Anzahl der Schulen	424	144	116	10	89
Anzahl der Schüler	146 250	37 702	80 774	3 785	10 883

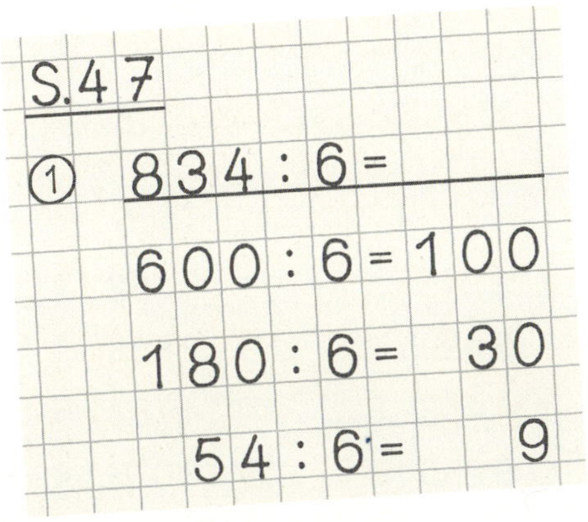

Rechne die Aufgaben 1 bis 3 halbschriftlich.
Nimm dabei die größtmögliche Zahl,
die du leicht teilen kannst.

①	②	③
834 : 6 =	635 : 5 =	313 : 2 =
968 : 8 =	471 : 3 =	582 : 4 =
740 : 4 =	387 : 9 =	801 : 7 =
692 : 2 =	948 : 6 =	777 : 5 =

So wird schriftlich dividiert:

④	⑤	⑥	⑦
834 : 6	316 : 2	8 968 : 8	45 342 : 2
847 : 7	556 : 4	7 861 : 7	51 639 : 3
976 : 8	928 : 8	6 834 : 6	63 785 : 5
560 : 5	864 : 4	9 609 : 3	84 480 : 4
484 : 4	735 : 5	6 560 : 5	90 666 : 6

Lösungszahlen

112	139	1121	12 757
116	139	1123	15 111
121	147	1139	17 213
121	158	1312	21 120
122	216	3203	22 671

Zeichne mit dem Geodreieck.

⑧

⑨

⑩

Die Lösungszahlen dienen zur Selbstkontrolle der Aufgaben 4 bis 7.

Kontrolliere mit der Umkehraufgabe.

S.48

```
①  THZE           THZE
   3245 : 5 =      649
   30
    24
    20       K: 649 · 5
     45           3245
     45
      0
```

① 3 245 : 5	⑧ 8 652 : 3
② 5 439 : 7	⑨ 2 585 : 5
③ 4 456 : 8	⑩ 4 782 : 6
④ 5 265 : 9	⑪ 38 076 : 4
⑤ 3 450 : 6	⑫ 47 405 : 5
⑥ 7 936 : 8	⑬ 12 384 : 2
⑦ 7 524 : 4	⑭ 23 547 : 3

Finde und erkläre die Fehler in diesen Aufgaben. Die Satzteile helfen dir dabei. Rechne dann jede Aufgabe und kontrolliere sie mit der Umkehraufgabe oder einer Überschlagsrechnung.

```
⑮ 8562 : 6 = 1327
   6
   25
   24
    16
    12
     42
     42
      0
```

```
⑯ 7485 : 5 = 1491
   5
   24
   20
    48
    45
     5
     5
     0
```

```
⑰ 9456 : 4 = 23414
   8
   14
   12
    25
    20
     5
     4
     16
     16
      0
```

```
⑱ 9549 : 3 = 318
   9
   05
    3
    24
    24
     0
```

```
⑲ 37047 : 7 = 5321
   35
   20
   21
    14
    14
     07
      7
      0
```

nicht zu Ende gerechnet

eine zu kleine Zahl geteilt

sich beim Teilen verrechnet

vergessen zu subtrahieren

eine zu große Zahl geteilt

Finde Fragen und rechne.

⑳ Für acht Klassen der Konrad-Zuse-Schule sollen neue Tablet-Computer angeschafft werden. Für diese Anschaffung hat die Schule 32 960 € zur Verfügung. Jede Klasse soll zehn Geräte erhalten.

㉑ Unglaublich:
Im Jahr 2010 bestiegen 6 612 000 Menschen den Eiffelturm in Paris. Das sind im Monat durchschnittlich 551 000 Personen. Rechne aus, wie viele Menschen in einer Woche (1 Monat = 4 Wochen) und an einem Tag durchschnittlich auf den Eiffelturm steigen. Vergleiche die Zahlen mit der Einwohnerzahl deines Wohnorts.

① In einer Rechenkonferenz stellen Kinder ihre Lösungen zu den Aufgaben vor.
a) Rechnet die Aufgaben nach. Benutzt dabei die Sprechweise von Seite 47.
b) Erklärt, wo die Fehler bei den falschen Lösungen sind.

② 7 448 : 7
9 054 : 6
8 032 : 8

③ 3 189 : 3
5 035 : 5
2 520 : 4

④ 81 045 : 9
30 660 : 6
18 072 : 8

⑤ 346 024 : 8
204 050 : 5
802 410 : 6

⑥ 699 930 : 7
500 001 : 3
614 104 : 2

⑦ 799 008 : 8
210 420 : 9
596 029 : 7

Lösungszahlen

630	23 380
1 004	40 810
1 007	43 253
1 063	85 147
1 064	99 876
1 509	99 990
2 259	133 735
5 110	166 667
9 005	307 052

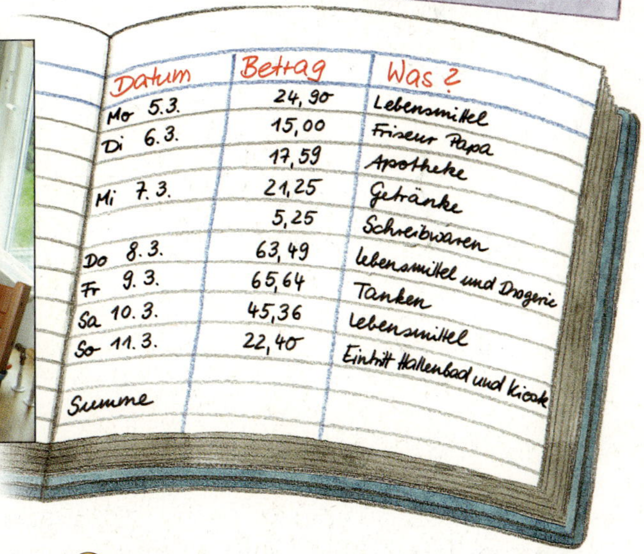

Datum	Betrag	Was ?
Mo 5.3.	24,90	Lebensmittel
Di 6.3.	15,00	Friseur Papa
	17,59	Apotheke
Mi 7.3.	21,25	Getränke
	5,25	Schreibwaren
Do 8.3.	63,49	Lebensmittel und Drogerie
Fr 9.3.	65,64	Tanken
Sa 10.3.	45,36	Lebensmittel
So 11.3.	22,40	Eintritt Hallenbad und Kiosk
Summe		

⑧ Familie Ell (4 Personen) führt ein Haushaltsbuch, in das sie sämtliche Ausgaben schreibt.
a) Sprecht über die Ausgaben der Familie. Welche Ausgaben gibt es noch?
b) Wie viel Geld gab Familie Ell diese Woche aus?
c) Berechne die Ausgaben pro Person in dieser Woche.

⑨ Familie Ell hat pro Monat 2 860 € zur Verfügung.
a) Wie viel Geld ist das pro Woche?
b) Wie viel Geld ist das pro Person in einer Woche?
c) Vergleiche die Ergebnisse mit den Lösungen von Aufgabe 8.

Die Lösungszahlen dienen zur Selbstkontrolle der Aufgaben 2 bis 7.

① Wie heißen die Zahlen? Schreibe mit Ziffern.

a) 1M 6HT 8ZT 5T 2H 7Z 9E
b) 5E 6T 3H 9Z 6ZT 2M 1HT
c) 4ZT 3H 3M 1E 4T 6Z
d) sechshundertsechsunddreißigtausendvierhundertsechsundvierzig
e) neunhundertsiebentausendsiebenhundertsiebenundneunzig

② Welche Zahlen gehören zu den Buchstaben? Schreibe sie mit ihren Nachbarzehntausendern auf.

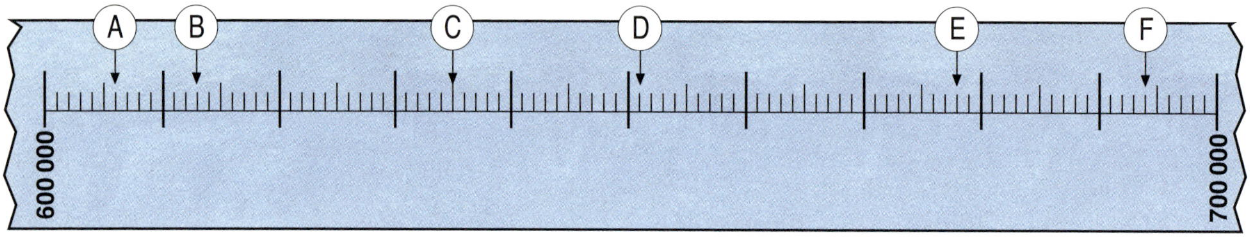

③ Finde die Regel und setze die Zahlenfolgen um mindestens 5 Zahlen fort.

a) 385 712, 386 212, 386 712, 387 212, …
b) 456 987, 469 987, 482 987, 495 987, …
c) 904 674, 904 074, 903 474, 902 874, …
d) 269 401, 244 401, 219 401, 194 401, …

Einwohnerzahlen von europäischen Hauptstädten

Athen	655 790	Madrid	3 198 645
Wien	1 731 236	Paris	2 243 833
London	8 173 900	Rom	2 781 692

④ Ordne die Hauptstädte nach ihren Einwohnerzahlen. Berechne Unterschiede.

⑤ Runde die Einwohnerzahlen auf volle Zehntausender und stelle sie mit Symbolen dar. Male ein 웃 für je 1 000 000 Einwohner, ein 웃 für je 100 000 Einwohner und ein ● für je 10 000 Einwohner.

⑥ Zeichne die Figuren doppelt so groß ab. Kennzeichne die rechten Winkel und zeichne die parallelen Linien in der gleichen Farbe.

ⓐ
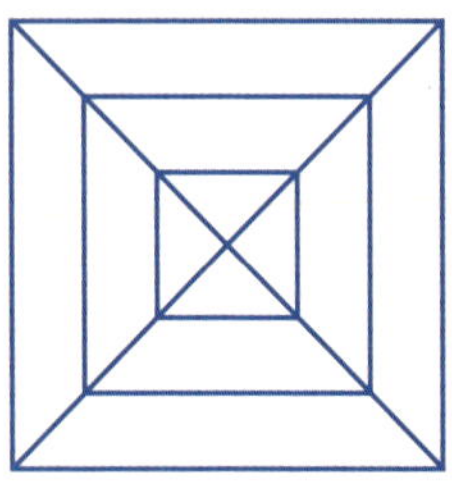

ⓑ

⑦ Herr Wagner ist Lkw-Fahrer und viel unterwegs. In den letzten acht Jahren ist er mit seinem Lastwagen insgesamt 950 792 km gefahren.

⑧ Zu einer Spielwarenmesse kamen 46 794 Besucher. Ein Drittel der Besucher waren Kinder. Der Eintritt für einen Erwachsenen kostete 8 €, Kinder zahlten nur halb so viel.

1 Großmutter Rieß erzählt: „Meine Tochter und ich sind zusammen 110 Jahre alt, meine Tochter und meine Enkelin sind zusammen 58 Jahre alt und meine Enkelin und ich sind zusammen 84 Jahre alt."
Wie alt ist jede der Frauen?

5	7	2						
						9	8	5
			6	3	5		4	
				7		5	6	3
9			2		8			7
1	5	7		4				
	9		8	2	1			
2	3	5						
						2	7	4

2 Trage in das Sudoku die Ziffern 1 bis 9 so in die leeren Felder ein, dass jede der Ziffern in jeder Zeile, in jeder Spalte und in jedem kleinen Quadrat genau einmal steht.

3 Lege aus den Teilen der Beilage 4 ein Quadrat, ohne dass ein Teil übrig bleibt. Klebe das Quadrat in dein Heft.

4 Zeichne 3 Geraden so:

a) Die 3 Geraden schneiden sich nicht.
b) Die 3 Geraden schneiden sich einmal.
c) Die 3 Geraden schneiden sich zweimal.
d) Die 3 Geraden schneiden sich dreimal.

5 Sieben Schnecken haben an einem Schneckenrennen teilgenommen.
Die Ergebnisse der Laufzeiten waren:
46 Minuten, eine halbe Stunde, 35 Minuten, 20 Minuten, 25 Minuten, 53 Minuten, 10 Minuten weniger als eine Stunde.
Welche Laufzeit hatte die Schnecke, die die Bronzemedaille gewann?

① Aus wie vielen Würfeln besteht jeder der Körper A bis D?

② Baue die Körper mit Würfeln nach. Überprüfe nun die Aufgabe 1.

a

1	2	3
1	3	1
4	1	2

b

1	3	1	1	0
1	2	1	1	2
1	2	1	1	2

c

2	3	2
1	1	1

d

2	1	2	4
3	2	1	3
3	1	2	3
4	2	2	2

e

4	3	3	2
4	3	3	2
4	3	3	2
4	3	2	2

f

3	3	2
3	1	1
2	1	1

g

2	2	1	1	2
2	1	1	1	0
2	1	1	1	0

h

1	2	2
1	1	3

③ Hier siehst du Baupläne von Körpern. Welcher Körper von oben passt zu welchem Bauplan?

④ Baue die Körper zu den anderen Bauplänen mit Steckwürfeln.

⑤ Mit den Bauplänen kannst du die Anzahl der verwendeten Würfel ausrechnen. Beschreibe, wie das geht. Vergleiche deine Ergebnisse mit Aufgabe 1.

Experimente mit dem Achterwürfel

⑥ Baue einen Achterwürfel.

⑦ Wenn du zwei Würfel wegnimmst, können drei verschiedene Körper entstehen. Zeichne die Baupläne zu diesen Körpern.

⑧ Wie viel verschiedene Körper können entstehen, wenn du drei Würfel von dem Achterwürfel wegnimmst? Probiere aus und zeichne die Baupläne.

⑨ Wie viele verschiedene Möglichkeiten findest du, den Achterwürfel in zwei Teile zu teilen?

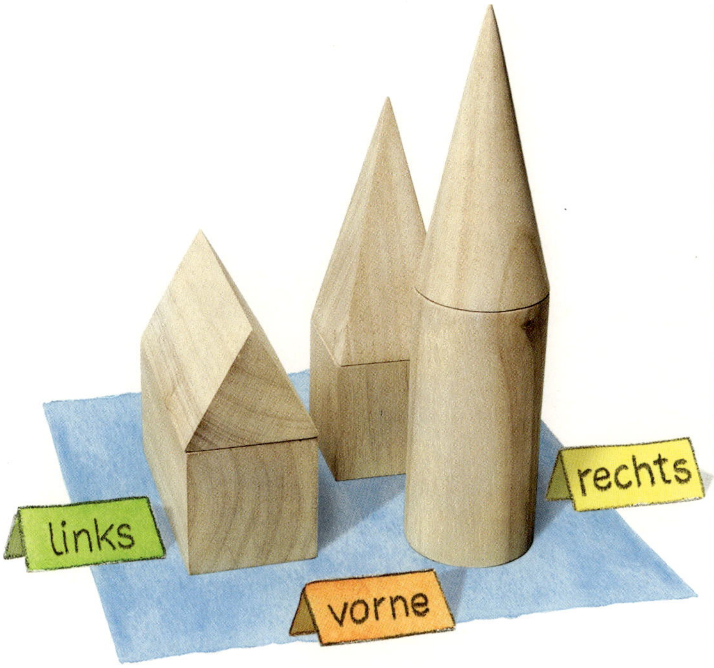

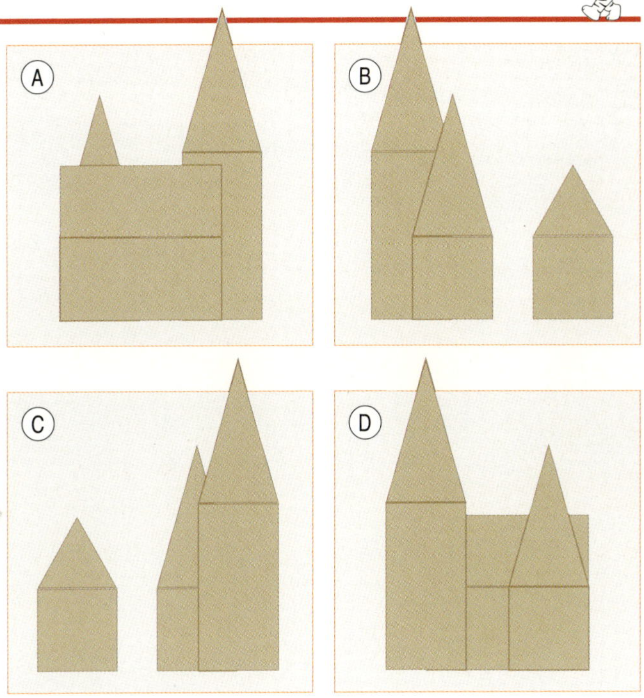

① Stellt verschiedene Körper, wie auf dem Bild, auf ein Blatt Papier. Betrachtet das Gebilde von vorne, von links, von rechts und von hinten und beschreibt eure Beobachtung.

② Von welcher Seite sind die Ansichten A bis D jeweils zu sehen?

Baue die Körper mit Würfeln nach. Betrachte die Körper von allen Seiten. Von welcher Seite sind die Ansichten zu sehen?

③
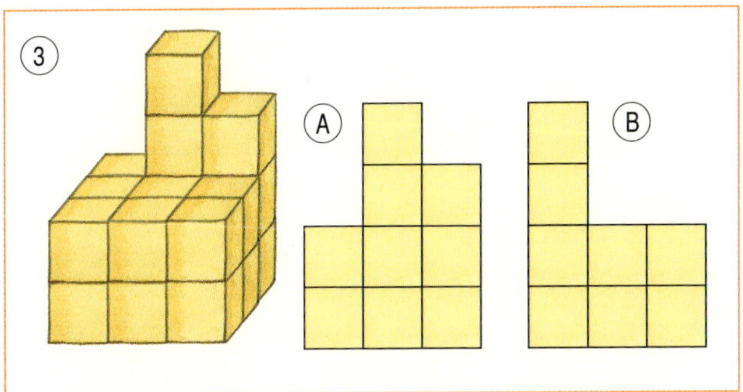

④
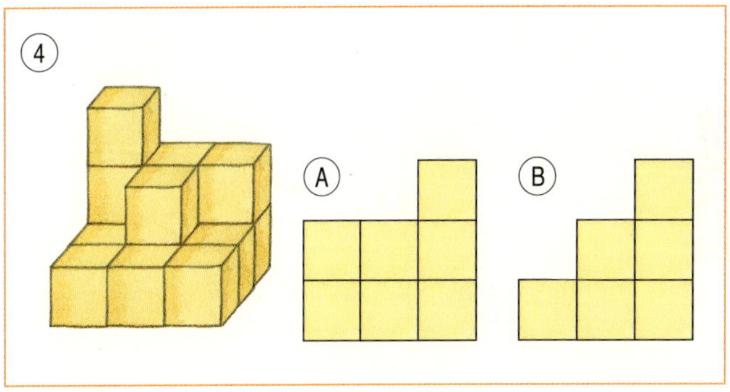

Zeichne jeweils alle vier Ansichten von diesen Körpern.

⑤

⑥

⑦ Baue den Körper, der diese vier Ansichten hat.

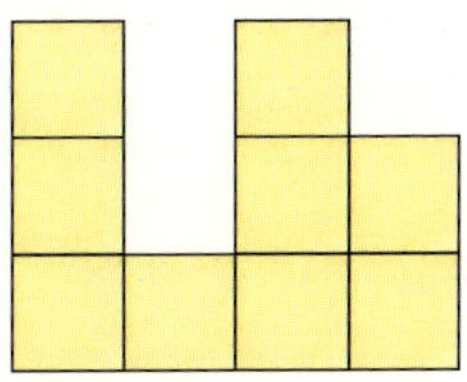
von vorne

von links

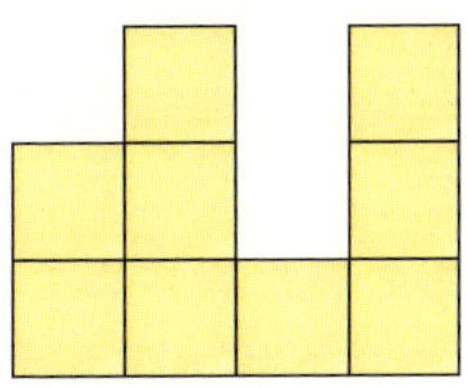
von hinten

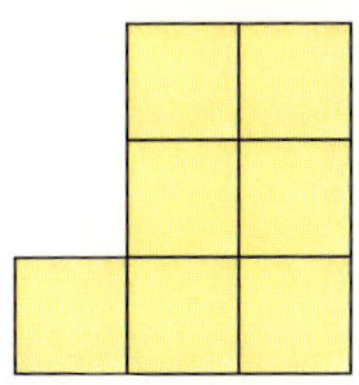
von rechts

⑧ Zeichne die Ansichten des Körpers mit diesem Bauplan. Baue zur Kontrolle den Körper nach.

3	4	3
2	2	2
1	1	1

S. 54

① 18 : 1 = 18
18 : 2 = 9
18 : 3 = 6
18 : 4 = 4 R 2
18 : 5 =

Teiler von 18: 1, 2, …

(1) Finde alle Zahlen, durch die man die Zahl 18 ohne Rest teilen kann. Diese Zahlen nennt man Teiler der Zahl 18.

(2) Benjamin und Greta haben die Teiler der Zahl 12 gefunden. Warum hat Greta nur drei Aufgaben aufgeschrieben?

Benjamin
12 : 1 = 12
12 : 2 = 6
12 : 3 = 4
12 : 4 = 3
12 : 6 = 2
12 : 12 = 1
Teiler von 12:
1, 2, 3, 4, 6, 12

Greta
12 : 1 = 12
12 : 2 = 6
12 : 3 = 4
Teiler von 12:
1, 2, 3, 4, 6, 12

Suche mit möglichst wenigen Aufgaben die Teiler der Zahlen.

(3)	(4)	(5)	(6)
18	24	36	48
28	32	45	60
35	56	62	92
54	76	81	100

(7) a) Markiere in einem Hunderterfeld die Teiler von 48 in rot und die Teiler von 60 in blau.
b) Welche Zahlen sind mit rot **und** blau gekennzeichnet? Schreibe diese gemeinsamen Teiler der Größe nach auf.

(8) Suche jeweils die gemeinsamen Teiler der Zahlen.
a) 35 und 55
b) 12 und 24
c) 18 und 42
d) 6, 21 und 54
e) 16, 27 und 32
f) 28, 36 und 56

(9) Gib jeweils nur den größten gemeinsamen Teiler der Zahlen an.
a) 15 und 40
b) 16 und 44
c) 29 und 48
d) 8, 24 und 56
e) 14, 35 und 63
f) 12, 18 und 22

Zahlenrätsel

(10) Welcher Satz ist richtig, welcher ist falsch?
a) 3 ist Teiler von 27.
b) Die Zahl 17 hat genau drei Teiler.
c) 5 ist der größte gemeinsame Teiler von 25 und 30.
d) Eine Zahl hat 2 als Teiler, wenn die letzte Ziffer ungerade ist.
e) Eine Zahl hat 5 als Teiler, wenn die letzte Ziffer 0 oder 5 ist.

① Trage in ein leeres Hunderterquadrat die Vielfachen von 4 mit rot ein.

② Trage in dasselbe Hunderterquadrat die Vielfachen von 9 mit blau ein. Was fällt dir auf?

③ Suche auf diese Weise die gemeinsamen Vielfachen (bis 100) der Zahlen

a) 3 und 5 c) 2 und 6 e) 2, 3 und 5 g) 3, 5 und 8
b) 6 und 9 d) 3 und 8 f) 4, 6 und 9 h) 2, 7 und 9

④ Von welchen Zahlen sind diese Ergebnisse ein gemeinsames Vielfaches? Finde möglichst alle Möglichkeiten.

a) 12 b) 18 c) 24 d) 36 e) 42 f) 50 g) 72

⑤ Übertrage die Tabellen in dein Heft und fülle sie aus.

	ist Vielfaches von				
	2	3	5	6	8
12	✓	✓			
15					
24					
32					
40					

	ist Vielfaches von				
	2	3	5	7	9
10					
21					
35					
63					
70					

⑥ Beim Lauftraining starten Emma und Paul gemeinsam und laufen einige Runden. Emma braucht für eine Runde 6 Minuten, Paul braucht nur 4 Minuten.

a) Nach wie viel Minuten sind die beiden wieder gemeinsam im Ziel?

b) Wie viele Runden ist dann jeder der beiden gelaufen?

⑦ Auf dem Busbahnhof fahren die Linien 2, 3 und 5 gemeinsam um 14 Uhr ab.
Linie 2 fährt alle 10 min,
Linie 3 alle 14 min und
Linie 5 alle 35 min.
Um wie viel Uhr fahren die drei Buslinien wieder gemeinsam ab?

Gruppenarbeit

① Die Kinder spielen „Tiger, welche Zahl fängst du?". Dabei kann der Tiger nur diejenigen Zahlen fangen, für die seine Vorschrift gilt. Wie kann man schnell entscheiden, welche Zahl gefangen werden kann?

② Überprüft mit der Division, welche Kinder bei den verschiedenen Vorschriften gefangen werden können.

③ Schreibt die Teilbarkeitsregeln jeweils mit einem Beispiel auf.

④ Spielt das Spiel „Tiger, welche Zahl fängst du?" im Pausenhof oder in der Sporthalle.

Teilbarkeitsregeln

- *Eine Zahl ist durch 3 teilbar, wenn die Quersumme der Zahl durch 3 teilbar ist. 531 ist durch 3 teilbar, da 5 + 3 + 1 = 9 und 9 durch 3 teilbar ist (Quersummenregel).*
- *Eine Zahl ist durch 4 teilbar, wenn die Zahl aus den letzten beiden Ziffern durch 4 teilbar ist. 756 ist durch 4 teilbar, da 56 durch 4 teilbar ist.*
- *Eine Zahl ist durch 2 teilbar, wenn ...*
- *Eine Zahl ist durch 5 teilbar, ...*
- *Eine Zahl ist durch 10 teilbar, ...*

⑤ Finde heraus, welche der Zahlen durch 2, 4, 5 und 10 teilbar sind. Wende die Teilbarkeitsregeln an.

a) 52	d) 807	g) 10 469
b) 115	e) 900	h) 68 210
c) 202	f) 7 528	i) 95 320

S.56

⑤ a) 52 ist teilbar durch 2 und 4

b) 115 ist teilbar durch ...

S.56

⑥ Quersumme (QS):

5 + 8 + 2 = 15

582 ist teilbar durch 3,

da die QS durch 3 teilbar ist.

⑥ Sind die Zahlen durch 3 teilbar? Bilde jeweils die Quersumme der Zahlen.

a) 582	c) 4 806	e) 58 271
b) 913	d) 6 614	f) 75 942

Teilbarkeitsregeln anwenden

(1) Stimmt Verenas Behauptung? Wendet zuerst die Quersummenregel an und überprüft dann mit der schriftlichen Division.

a) 468 c) 2 123 e) 90 351

b) 837 d) 7 110 f) 12 345

(2) Überprüft die Behauptung von Alexander und begründet eure Entscheidung. Die Teilbarkeitsregeln helfen euch.

a) 408 c) 5 133 e) 66 518

b) 324 d) 7 914 f) 98 034

(3) Überprüfe diese Teilbarkeiten.

a) 564 b) 1 247 c) 2 354 d) 36 433 e) 81 654

f) 825 g) 1 035 h) 7 104 i) 55 701 j) 987 654

teilbar durch 3

teilbar durch 6

teilbar durch 9

Setze die fehlenden Ziffern so ein, dass nach dem Lösen kein Rest bleibt.
Kontrolliere mit der schriftlichen Division.

(4) 54 3🐾6 : 4
(5) 48 🐾79 : 3
(6) 95 37🐾 : 2
(7) 5 🐾61 : 9
(8) 48 1🐾🐾 : 5
(9) 🐾5 302 : 9
(10) 26 🐾🐾🐾 : 10
(11) 5 3 3🐾 : 6
(12) 75 19🐾 : 4
(13) 9🐾 762 : 6

(14) Dividiert jede Zahl durch 4.

(15) Tragt die Zahlen in die Tabelle ein.

(16) Findet, ohne zu rechnen, weitere Zahlen für die Tabelle.

teilbar durch 4	Rest 1 beim Teilen durch 4	Rest 2 beim Teilen durch 4	Rest 3 beim Teilen durch 4

(17) Leon denkt sich eine Zahl. Sie ist durch 3, 5 und 9 teilbar und liegt zwischen 100 und 150.

(18) Daniel sagt: „Die Zahl 543 120 ist durch alle Zahlen von 1 bis 10 ohne Rest teilbar.“ Überprüfe seine Aussage.

(19) Finde die kleinste Zahl, die durch alle Zahlen von 1 bis 10 teilbar ist.
Tipp: Sie ist kleiner als 10 000.

Rechne zu jeder Aufgabe die Kontrolle.

①	②	③	④	⑤
3 951 : 7	5 081 : 9	19 354 : 6	32 000 : 3	1 000 : 3
2 905 : 4	7 461 : 2	82 003 : 7	66 660 : 8	10 000 : 8
5 182 : 8	8 344 : 5	72 930 : 9	56 730 : 4	100 000 : 4
6 739 : 6	9 506 : 2	40 753 : 2	91 003 : 5	1 003 000 : 5

⑥ Drei Geschwister kaufen sich zusammen einen Computer mit Bildschirm und Drucker. Der Preis beträgt 1 394 €. Wie viel muss jedes der Geschwister bezahlen?

⑦ Eine moderne Abfüllmaschine für Mineralwasser kann 45 392 Flaschen Wasser in einer Stunde abfüllen. Die Flaschen werden anschließend in Kisten mit je 9 Flaschen gestellt. Wie viele Kisten Mineralwasser sind das in einer Stunde?

⑧ Eine Gondelbahn im Harz transportiert in einer Stunde bis zu 2 000 Personen auf den Berg. In eine Gondel passen 6 Personen. Wie viele Gondeln fahren in einer Stunde auf den Berg?

Finde und erkläre die Fehler bei diesen Aufgaben. Rechne dann jede Aufgabe und kontrolliere sie.

⑨ 7642 : 5 = 1532 R2
5
26
25
14
15
12
10
2

⑩ 9581 : 3 = 3160 R1
9
05
3
18
18
01
0
1

⑪ 8015 : 6 = 134 R1
6
20
18
25
24
1

⑫ 26109 : 9 = 291
18
81
81
00
0
09
9
0

⑬ 13471 : 8 = 1783 R7
8
54
48
67
64
31
24
7

⑭ 62137 : 4 = 1553 R1
4
22
20
21
20
13
12
1

①
29 + □ = 42
35 + □ = 56
48 + □ = 73
53 + □ = 84
67 + □ = 91

②
96 – □ = 54
84 – □ = 69
71 – □ = 45
69 – □ = 38
52 – □ = 17

③
4 · □ = 48
5 · □ = 60
6 · □ = 72
7 · □ = 84
8 · □ = 96

④
56 : □ = 8
77 : □ = 7
54 : □ = 6
65 : □ = 5
48 : □ = 4

⑤
800 · 40 =
600 · 90 =
300 · 70 =
100 · 10 =

⑥
40 · 3 000 =
50 · 2 000 =
80 · 6 000 =
30 · 7 000 =

⑦
600 · 200 =
300 · 900 =
400 · 400 =
700 · 600 =

⑧
5 000 · 60 =
7 000 · 40 =
9 000 · 70 =
3 000 · 50 =

⑨
70 · 8 =
700 · 80 =
7 · 8 000 =
700 · 800 =

⑩
320 : 8 =
450 : 9 =
540 : 6 =
420 : 7 =
400 : 5 =

⑪
1 800 : 60 =
2 700 : 30 =
4 800 : 80 =
5 600 : 70 =
1 400 : 20 =

⑫
36 000 : 900 =
64 000 : 800 =
49 000 : 700 =
24 000 : 600 =
35 000 : 500 =

⑬
150 000 : 3 000 =
720 000 : 9 000 =
300 000 : 6 000 =
280 000 : 4 000 =
210 000 : 7 000 =

Setze ein: >, <, =.

⑭
3 · 16 ◯ 240 000 : 8 000
6 · 45 ◯ 270 000 : 1 000
4 · 37 ◯ 180 000 : 900
7 · 23 ◯ 120 000 : 600

⑮
67 000 + 3 200 ◯ 98 000 – 18 500
43 000 + 25 500 ◯ 73 500 – 24 500
508 000 + 82 000 ◯ 800 900 – 210 900
100 700 + 800 300 ◯ 1 000 100 – 90 100

Trick für +
297 + 375 = **672**
Rechne so:
1. Zahl + 3
2. Zahl – 3
300 + 372 = 672

Trick für –
421 – 198 = **223**
Rechne so:
421 – 200 = 221
dann + 2
221 + 2 = 223

Trick für ·
4 · 199 = **796**
Rechne so:
4 · 200 = 800
dann – 4
800 – 4 = 796

Trick für :
725 : 5 = **145**
Zerlege und rechne:
100 40 5
~~500~~, ~~200~~, ~~25~~

Verwende beim Lösen die Rechentricks.

⑯
398 + 247 =
596 + 152 =
497 + 364 =
699 + 135 =
598 + 241 =
297 + 608 =

⑰
543 – 298 =
782 – 597 =
926 – 499 =
851 – 396 =
374 – 198 =
465 – 97 =

⑱
3 · 299 =
5 · 198 =
6 · 399 =
4 · 598 =
2 · 797 =
7 · 499 =

⑲
426 : 3 =
702 : 9 =
672 : 4 =
870 : 6 =
645 : 5 =
532 : 2 =

Gruppenarbeit

1. Schätzt, in welchen der Körper am meisten Flüssigkeit passt. Ordnet sie nach ihrem Fassungsvermögen.
2. Überprüft eure Vermutung durch Umschütten.
3. Untersucht einen Messbecher. Was bedeuten die Aufschriften?
4. Messt nun genau ab, wie viel Milliliter Flüssigkeit in jeden Körper passen. Schreibt euer Ergebnis auf.

5. Sammelt Behälter, die alle genau einen Liter Fassungsvermögen haben. Beschreibt die Formen der Behälter.
6. 1 Liter Wasser wiegt genau 1 Kilogramm. Überprüft diese Behauptung mit einer Waage.
7. Füllt ein Litergefäß mit anderen Dingen (Kies, Sand, Watte, Reis, Sägespäne usw.) Wie viel g wiegt jeweils ein Liter von diesen Dingen?

Zum Staunen:
1 Liter Gold wiegt 19,320 kg.
1 Liter Luft wiegt 1,2 g.

Ergänze zu einem Liter, einem halben Liter und einem Dreiviertelliter.

(8)

1 Liter	
550 ml	ml
210 ml	ml
790 ml	ml
100 ml	ml
280 ml	ml
743 ml	ml

(9)

1 Liter	
$\frac{1}{4}$ l	ml
$\frac{0}{4}$ l	ml
$\frac{1}{2}$ l	ml
820 ml	ml
999 ml	ml
111 ml	ml

(10)

$\frac{1}{2}$ Liter	
175 ml	ml
405 ml	ml
500 ml	ml
342 ml	ml
8 ml	ml
$\frac{1}{8}$ l	ml

(11)

$\frac{3}{4}$ Liter	
500 ml	ml
300 ml	ml
210 ml	ml
438 ml	ml
85 ml	ml
$\frac{1}{4}$ l	ml

Gruppenarbeit

① Sammelt Behälter, auf denen der Rauminhalt in Milliliter (ml) angegeben ist. Ordnet die Behälter nach ihrem Fassungsvermögen.

② Wie oft passt der Inhalt eures kleinsten Behälters in die anderen Behälter? Probiert aus oder rechnet.

③ Trage das Fassungsvermögen der Behälter in eine Tabelle ein.

Behälter	l	ml	Liter	Milliliter
Senfglas	0	200	0,200 l	200 ml
Hustensaftlöffel	0	5	0,005 l	5 ml

1 000 ml = 1,000 l = 1 l
750 ml = 0,750 l = $\frac{3}{4}$ l
500 ml = 0,500 l = $\frac{1}{2}$ l
250 ml = 0,250 l = $\frac{1}{4}$ l
125 ml = 0,125 l = $\frac{1}{8}$ l

④ Wo findest du solche Literangaben in deiner Umgebung? Trage sie in eine Tabelle wie bei Aufgabe 3 ein.

0,5 l 0,33 l 0,125 l 0,75 l 0,2 l

Schreibe die Angaben als Liter.
Beispiel: 200 ml = 0,200 l

⑤	⑥	⑦
750 ml	1 000 ml	345 ml
500 ml	100 ml	20 ml
250 ml	10 ml	871 ml
330 ml	1 ml	990 ml

Wandle um in Milliliter.
Beispiel: 0,500 l = 500 ml

⑧	⑨	⑩
0,350 l	1,001 l	$\frac{1}{2}$ l
1,200 l	0,400 l	$\frac{1}{4}$ l
0,050 l	0,650 l	$\frac{3}{4}$ l
0,003 l	0,700 l	$1\frac{1}{2}$ l

Setze das Zeichen >, < oder = ein.

⑪	⑫	⑬
200 ml ◯ $\frac{1}{4}$ l	0,33 l ◯ 33 ml	$\frac{1}{4}$ l ◯ 0,5 l
760 ml ◯ $\frac{3}{4}$ l	0,1 l ◯ 100 ml	$\frac{3}{4}$ l ◯ 0,33 l
500 ml ◯ $\frac{1}{2}$ l	1,5 l ◯ 150 ml	$\frac{1}{2}$ l ◯ 0,2 l
100 ml ◯ 1 l	0,125 l ◯ 1 250 ml	8 l ◯ 0,8 l

Durchschnittlicher Wasserverbrauch einer Person pro Tag in Deutschland

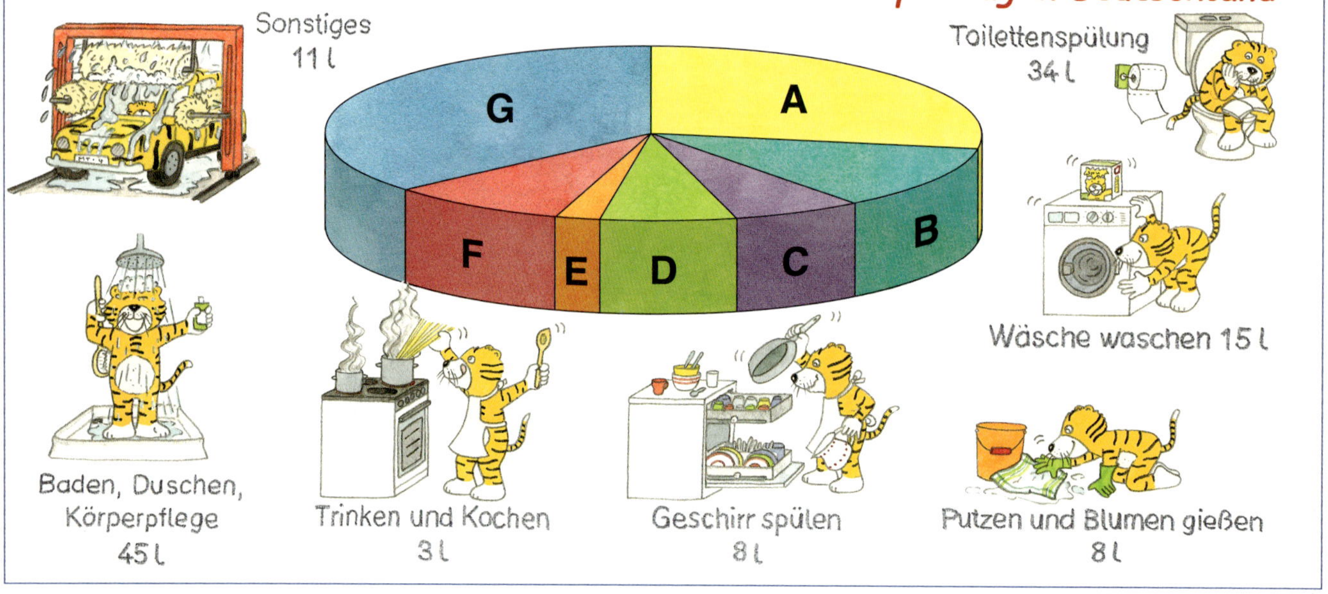

(1) Wofür brauchen wir täglich am meisten Wasser, wofür am wenigsten? Ordne die Literangaben den Buchstaben im Kreisdiagramm zu.

(2) Rechne aus, wie viel Wasser jede Person in Deutschland insgesamt am Tag braucht. Wie viele große Gießkannen könntest du damit füllen?

(3) Rechne mithilfe einer Tabelle aus, wie viel Wasser eine Familie mit drei, vier und fünf Personen an einem Tag (in einer Woche, einem Monat, einem halben Jahr, einem Jahr) verbraucht.

(4) Wie hoch ist der Wasserverbrauch deiner Familie pro Jahr? Rechne den täglichen Wasserverbrauch eines Familienmitglieds deiner Familie aus und vergleiche mit dem Durchschnittsverbrauch in Deutschland.

Wasser – ein kostbares Gut

Land	Liter
Indien	25 l
Belgien	122 l
Frankreich	151 l
Schweiz	237 l
USA	295 l

(5) Vergleiche den täglichen Wasserverbrauch einer Person in Deutschland mit dem Verbrauch in anderen Ländern.

(6) Von über einer Milliarde Menschen hat jeder weniger als 20 l Wasser pro Tag zur Verfügung. Überlegt, worauf diese Menschen verzichten müssen, weil sie so wenig Wasser haben. Wo könntest du Wasser sparen?

Ü

Kontrolliere mit der Überschlagsrechnung oder mit der Umkehraufgabe.

(7)	(8)	(9)	(10)	(11)
6 924 : 4	12 345 : 5	4 683 : 9	20 608 : 7	352 917 : 6
1 362 : 6	76 056 : 8	5 712 : 5	14 662 : 3	909 090 : 2
5 706 : 9	42 238 : 7	2 728 : 3	84 050 : 4	876 543 : 8

Wasserverbrauch in Deutschland

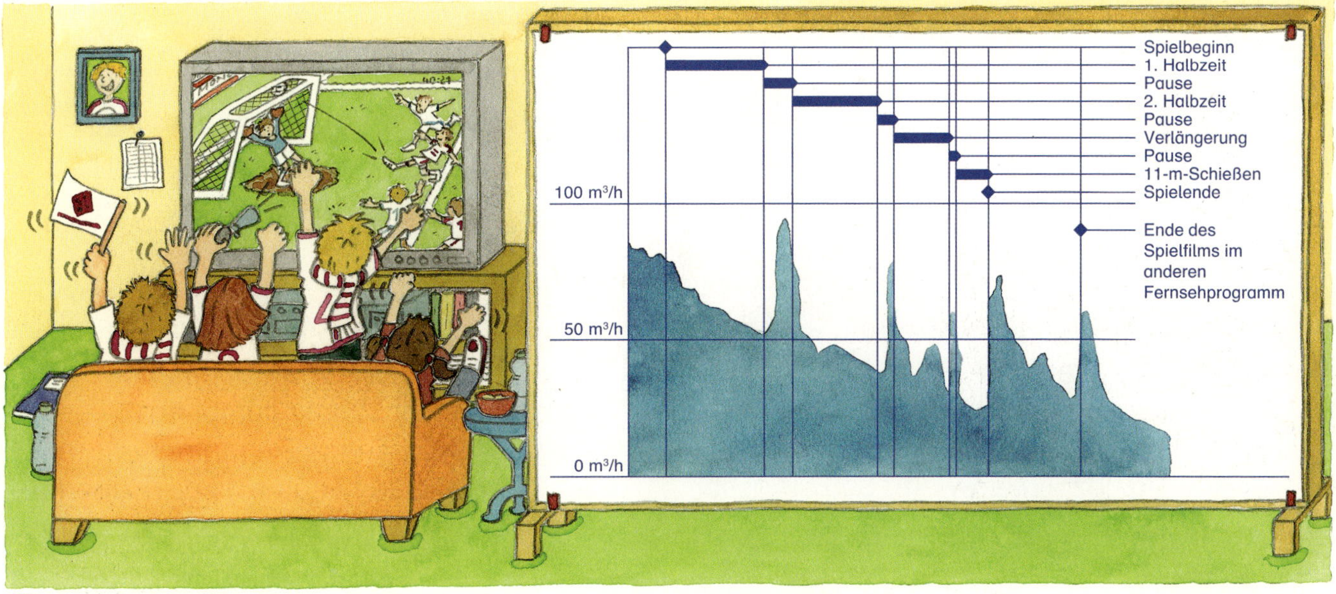

① Das Schaubild zeigt den Wasserverbrauch einer Stadt während der Übertragung eines spannenden Fußballspiels im Fernsehen. Schaut das Schaubild genau an. Was könnt ihr daraus ablesen?

② Die Kinder haben Aussagen zum Schaubild gesammelt. Welche Aussagen sind richtig?

③ Schreibe weitere Aussagen zum Schaubild auf. Dein Partner entscheidet, ob sie richtig oder falsch sind.

- Vor dem Fußballspiel gingen viele Zuschauer nochmals auf die Toilette.
- In der zweiten Halbzeit wurde mehr Wasser verbraucht als in der ersten Halbzeit.
- Das Elfmeterschießen dauerte gleich lang wie die Verlängerung.
- Das Elfmeterschießen war sehr spannend, deshalb wurde in der Zeit kaum Wasser verbraucht.
- In der ersten Pause wurde etwa doppelt soviel Wasser verbraucht wie am Ende der ersten Halbzeit.
- Am Ende des Fußballspiels gingen mehr Zuschauer auf die Toilette als zu Beginn des Fußballspiels.

④ Zeichne ab und zeichne die Symmetrieachsen ein.

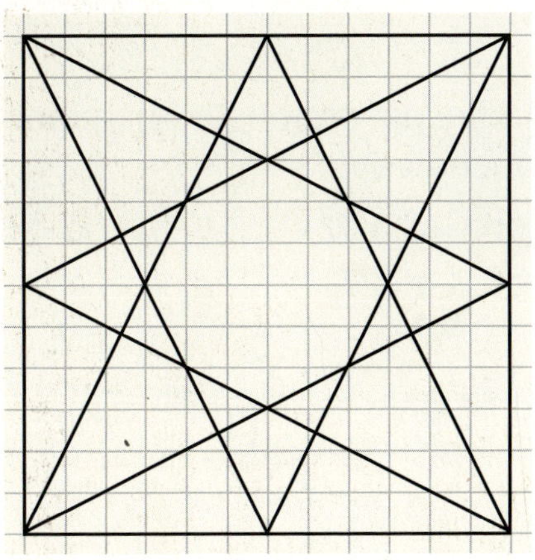

⑤ Zeichne ab und ergänze symmetrisch.

a

b

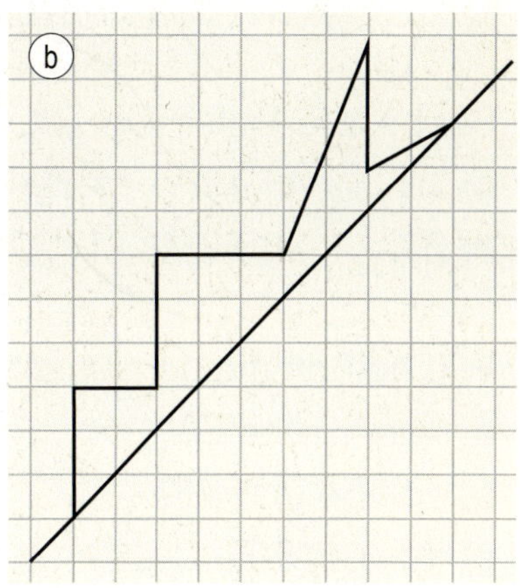

Ü

Setze ein: <, >, =.

① 700 ml ◯ $\frac{3}{4}$ l
$1\frac{1}{2}$ l ◯ 150 ml
400 ml ◯ 0,04 l
2,750 l ◯ $2\frac{3}{4}$ l

② 0,250 l ◯ 2 500 ml
1 300 ml ◯ 1,030 l
10 000 ml ◯ 10 l
0,770 l ◯ 707 ml

Ergänze.

③ 0,200 l + □ = $\frac{1}{4}$ l
175 ml + □ = $\frac{1}{4}$ l
□ + 50 ml = $\frac{1}{4}$ l
□ + 0,025 l = $\frac{1}{4}$ l

④ 1,040 l + □ = $1\frac{1}{4}$ l
750 ml + □ = $1\frac{1}{4}$ l
□ + 0,250 l = $1\frac{1}{4}$ l
□ + 1 025 ml = $1\frac{1}{4}$ l

⑤ In einem Monat läuft die Waschmaschine von Familie Rein etwa 15-mal. Bei jedem Waschvorgang werden 56 l benötigt. Wie viel € muss Familie Rein in einem Jahr etwa bezahlen, wenn 1 000 l Wasser 4 € kosten?

⑥ Nach einer langen Zeit ohne Regen muss Herr Nass seine Regentonne füllen. In einer Minute pumpt er 15 l in die 345 l fassende Regentonne. Nach wie vielen Minuten ist die Regentonne voll?

⑦ Die Geschwister Luis, Thea und Betti haben großen Durst. Betti trinkt einen $\frac{1}{2}$ l weniger als Thea. Thea trinkt 0,250 l mehr als Luis. Luis trinkt 250 ml mehr als Betti. Zusammen trinken die drei an diesem heißen Sommertag $6\frac{3}{4}$ l.

⑧ Rechne schriftlich.

a) Multipliziere 37 189 mit 6.
b) Addiere 67 809 und 3 005 687.
c) Dividiere 365 733 durch 9.
d) Subtrahiere 468 069 von 700 143.
e) Dividiere 957 128 durch 4.
f) Subtrahiere 564 830 von 800 100.
g) Addiere 64 012, 573 819 und 768 837.
h) Multipliziere 56 789 mit 5 und dann mit 2.

Überprüfe mit den Teilbarkeitsregeln.

⑨

Teilbar durch 3?	
7 344	ja
2 561	
8 012	
4 632	

⑩

Teilbar durch 4?	
9 734	
6 072	
3 596	
4 414	

⑪

Teilbar durch 6?	
5 913	
1 722	
6 506	
2 442	

⑫

Teilbar durch 9?	
8 127	
3 798	
7 240	
1 023	

⑬ Suche alle Teiler von …

a) 10. c) 48. e) 94.
b) 36. d) 72. f) 120.

⑭ Wie heißen die gemeinsamen Teiler …

a) von 42 und 60?
b) von 54 und 81?
c) von 35, 50 und 63?
d) von 13, 39 und 52?

⑮ Schreibe die ersten fünf gemeinsamen Vielfachen auf …

a) von 4 und 6.
b) von 3 und 7.
c) von 2, 5 und 8.
d) von 4, 9 und 18.

⑯ Chiara denkt sich zwei Zahlen zwischen 10 und 30. Der größte gemeinsame Teiler der beiden Zahlen ist 5 und das kleinste gemeinsame Vielfache ist 100.

1 Leonie hat von Montag bis Freitag ein kleines Buch mit 45 Seiten gelesen. Jeden Tag las sie 2 Seiten mehr als am Tag zuvor. Wie viele Seiten las Leonie am Montag?

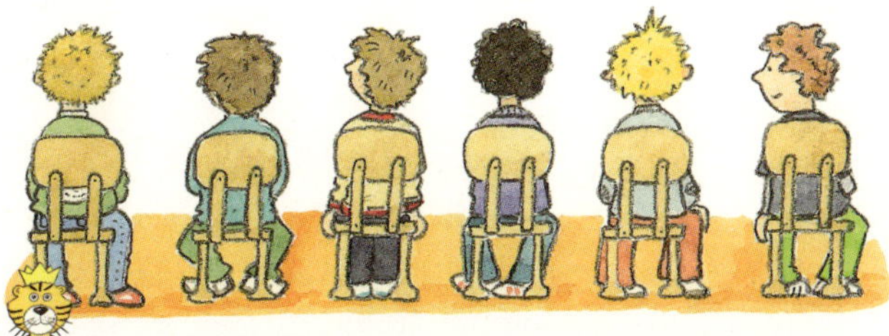

2 Sechs Jungen sitzen nebeneinander. Der erste Junge sagt: „Arne sitzt links neben mir und Elias direkt rechts neben mir.“ Der zweite Junge sagt: „Chris hat Benno direkt rechts neben sich und Denny direkt links neben sich.“ Der dritte Junge sagt: „Benno sitzt direkt links und Fred direkt rechts neben mir.“
Wie heißt der dritte Junge?

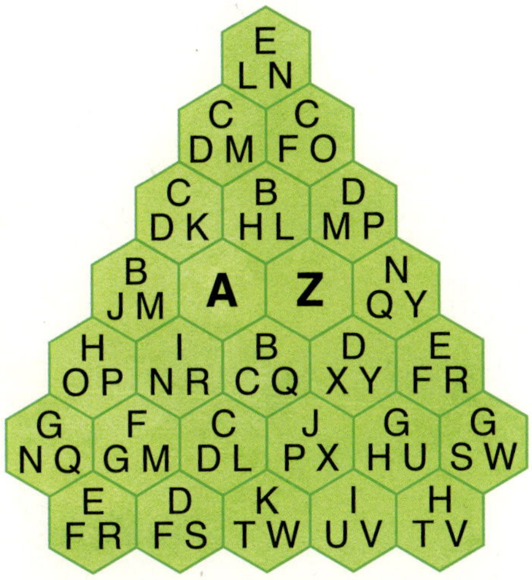

3 Gehe von A nach Z, indem du jeden Buchstaben des Alphabets der Reihe nach besuchst. Dabei musst du jedes Sechseck genau einmal durchlaufen.

	☆		△	◇	
□	○			△	
△			□		
		□	♡		○
	□			♡	◇
☆		◇			

4 Jedes der 6 Zeichen ○ □ △ ☆ ◇ ♡ darf in dem Symbol-Sudoku pro Zeile, Spalte und in jedem kleinen Rechteck nur einmal vorkommen. Zeichne die Lösung in dein Heft.

Streichholz-Spielereien

5 Wie kommt der Stein auf die Schaufel? Du darfst nur 2 Streichhölzer umlegen.

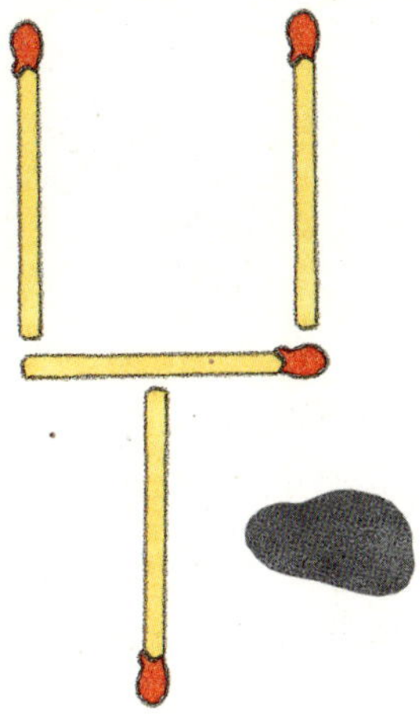

Wir multiplizieren mit großen Zahlen

1 Vergleicht die Rechnungen von Laura und Besim. Erklärt, wie die beiden die Aufgabe gelöst haben.

Rechne wie Besim in einer Rechnung.

2	3	4	5
348 · 38	859 · 31	3 419 · 24	8 352 · 56
405 · 23	294 · 78	5 068 · 57	6 036 · 85
736 · 42	567 · 65	7 296 · 49	1 987 · 98

Lösungszahlen

9 315	30 912	288 876
13 224	36 855	357 504
22 932	82 056	467 712
26 629	194 726	513 060

Rechne und kontrolliere mit der Überschlagsrechnung.

6	7
469 · 37	2 574 · 83
507 · 58	6 009 · 74
952 · 17	3 456 · 78
345 · 62	1 670 · 25

8	9
7 351 · 62	18 531 · 25
1 849 · 15	56 789 · 34
5 289 · 79	70 146 · 58
4 218 · 70	99 999 · 99

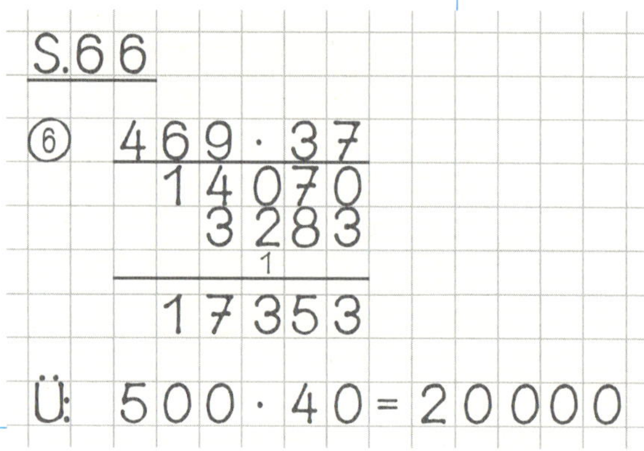

10 Das Open-Air-Konzert der Band „Tiger-Rock“ wurde von insgesamt 22 313 Menschen besucht. Der normale Eintrittspreis betrug 47 €. 8 735 Personen mussten für ihre Karte nur 36 € bezahlen. Wie viel Euro wurden insgesamt eingenommen?

11 Herr Metz war mit seinem Umsatz diese Woche sehr zufrieden. Er hat 8 Computer für insgesamt 4 712 € und 13 Flachbildschirme für je 245 € verkauft.
a) Wie viel Euro hat Herr Metz in dieser Woche umgesetzt?
b) Wie teuer war ein Computer im Durchschnitt?

12	13	14	15
68 700 + 21 300 =	16 500 − 10 250 =	57 200 + □ = 73 200	416 000 − □ = 400 000
67 700 + 22 400 =	17 000 − 10 200 =	56 200 + □ = 74 200	436 000 − □ = 390 000
66 700 + 23 500 =	17 500 − 10 150 =	55 200 + □ = 75 200	456 000 − □ = 380 000
…	…	…	…

 Die Lösungszahlen dienen zur Selbstkontrolle der Aufgaben 2 bis 5.

S.67

① 2683 · 479
```
2683 · 479
 1073200
  187810
   24147
   1 1 1
 1285157
```
Ü: 3000 · 500 = 1500000

① 2683 · 479	⑥ 593 · 385
② 1045 · 238	⑦ 928 · 727
③ 4226 · 214	⑧ 802 · 341
④ 3821 · 322	⑨ 559 · 559
⑤ 5007 · 184	⑩ 648 · 392

⑪ Ein Fernbus fährt täglich von Berlin nach Kopenhagen in Dänemark und wieder zurück. Die Entfernung von Berlin nach Kopenhagen beträgt 429 km. Berechne, wie viel Kilometer der Bus pro Jahr (365 Tage) fährt.

⑫ Ein anderer Bus fährt jeden zweiten Tag 1 018 km von Flensburg über Kiel nach Paris und am nächsten Tag wieder zurück. Wie viel Kilometer fährt dieser Bus pro Jahr?

S.67

```
547 · 406
 218800
   3282
   1 1
 222082
```
Ü: 500 · 400 = 200000

⑬ 547 · 406	⑱ 364 · 493	㉓ 3201 · 340
⑭ 398 · 503	⑲ 910 · 870	㉔ 1003 · 709
⑮ 520 · 230	⑳ 639 · 378	㉕ 8324 · 201
⑯ 732 · 608	㉑ 704 · 407	㉖ 4433 · 707
⑰ 475 · 270	㉒ 684 · 986	㉗ 2532 · 150

Diese Rechnungen haben Fehler. Erklärt, welcher Fehler jeweils gemacht wurde. Rechnet die Aufgaben richtig.

㉘
```
4265 · 62
  25590
   8530
   111
  34120
```

㉙
```
628 · 204
  124600
    2482
  126082
```

㉚
```
259 · 536
   1295
    777
   1554
    121
   3626
```

㉛
```
5006 · 550
  253000
   25300
  278300
```

Erklärung einiger Tasten

- AC alles löschen
- C letzte Zahl löschen
- ÷ dividieren
- × multiplizieren
- · Komma

① Untersucht einen Taschenrechner.
Welche Funktionen haben die verschiedenen Tasten?

Gruppenarbeit

② Führt einen „Schnelligkeitstest“ durch.

SCHNELLIGKEITSTEST für 3 Kinder

- Ein Kind stellt Einmaleinsaufgaben. Ein anderes Kind rechnet die Lösung im Kopf, ein drittes mit dem Taschenrechner. Wer ist schneller?
- Rechnet auf die gleiche Weise Additionsaufgaben im Zahlenraum bis 100. Wer ist nun schneller?
- Führt den Schnelligkeitstest auch mit Subtraktions- und Divisionsaufgaben durch.

③ Es gibt ganz unterschiedliche Taschenrechner. Betrachtet verschiedene Modelle und überlegt, zu welchem Zweck man die Modelle benötigt.

Überprüfe die Lösungen der folgenden Aufgaben mit dem Taschenrechner.
Ist die Lösung falsch, schreibst du die Aufgabe mit der richtigen Lösung in dein Heft. Vergleiche anschließend mit deinem Partner.

④
3 456 · 432 = 1 492 992
9 054 · 873 = 7 578 198
6 469 · 152 = 987 392
5 803 · 494 = 2 866 682

⑤
345 + 5 290 + 1 045 = 6 689
6 004 + 580 + 3 415 = 9 729
5 059 + 298 + 4 285 = 9 642
8 691 + 2 750 + 3 = 11 414

⑥
3 536 : 8 = 444
15 003 : 9 = 1 667
6 895 : 5 = 1 319
70 004 : 4 = 17 501

⑦
45 053 – 2 901 – 12 153 = 30 000
56 789 – 9 876 – 26 913 = 10 000
80 333 – 51 999 – 8 333 = 20 001
94 101 – 66 303 – 22 799 = 5 000

⑧
8 138 + 34 519 – 12 339 = 30 313
76 119 – 53 625 + 8 505 = 30 999
12 835 + 5 610 – 17 445 = 10 000
69 300 – 17 492 + 9 192 = 61 001

Partnerarbeit

⑨ Tippt eine dreistellige Zahl in den Taschenrechner (Beispiel: 256). Multipliziert diese Zahl zuerst mit 7, dann mit 11 und zum Schluss mit 13. Das Ergebnis ist zum Staunen. Probiert das auch mit anderen dreistelligen Zahlen. Warum ist das so?

① Mit dem Taschenrechner kann man Wörter „schreiben“. Tippe die Ziffern 0 bis 9 nacheinander ein und drehe den Taschenrechner um. Bei welchen Zahlen kannst du Buchstaben erkennen? Schreibe sie auf:
0 = O, 1 = I , ...

② Bilde Wörter mit den Buchstaben. Welche Zahlen musst du eintippen, damit du die Wörter lesen kannst? Lege eine Tabelle an.

Finde die Lösungswörter mit dem Taschenrechner.

③ 8 972 – 7 594 =	⑥ 175 685 : 5 =	⑨ 365 · 2 =	⑫ 45 141 + 28 794 =
④ 9 549 – 1 234 =	⑦ 29 704 : 8 =	⑩ 7 481 · 5 =	⑬ 19 279 + 19 860 =
⑤ 9 476 – 1 159 =	⑧ 21 024 : 6 =	⑪ 2 069 · 17 =	⑭ 14 750 + 24 567 =

Partnerarbeit

⑮ Finde Rechnungen, die Wörter als Lösung haben.
Beispiel: Das Wort soll **ILSE** heißen, tippe also 3 571 ein.
Überlege eine Rechnung, z. B. 3 571 · 9 = 32 139.
Schreibe als Aufgabe für deinen Partner die Umkehraufgabe 32 139 : 9 auf. Nun kann dein Partner das Wort finden.

Wie heißt die Lösungszahl?

⑯ OEL + SIEB =	⑰ EILE · ELSE =	⑱ LOSE – OEL =
SEIL + SOhLE =	LEIB · BEIL =	hOEhLE – BOESE =
ESEL + LIEBE =	LESE · EIS =	SOSSE – SIEB =

⑲ 345 · 493	⑳ 8 143 · 54	㉑ 1 002 · 572	㉒ 6 208 : 8	㉓ 37 610 : 4
951 · 562	4 306 · 98	4 107 · 123	1 777 : 7	44 702 : 6
403 · 108	2 917 · 36	2 983 · 304	4 588 : 9	25 280 : 3

Wandle um.

① 36,82 € = □ ct
84,05 € = □ ct
73 € 9 ct = □ €
650 € 50 ct = □ €

② 45 mm = □ cm
709 mm = □ cm
9,3 cm = □ mm
21,4 cm = □ mm

③ 2 kg 359 g = □ kg
10 kg 10 g = □ kg
5,008 kg = □ g
34,670 kg = □ g

④ 480 s = □ min
720 s = □ min
3 min 50 s = □ s
11 min 11 s = □ s

⑤ 8 m 24 cm = □ cm
3 m 1 cm = □ cm
150 cm = □ m
746 cm = □ m

⑥ 56 380 kg = □ t
100 025 kg = □ t
6,403 t = □ kg
12,500 t = □ kg

⑦ 75 min = □ h □ min
210 min = □ h □ min
8 h = □ min
12 h = □ min

⑧ 6 701 m = □ km
48 294 m = □ km
0,059 km = □ m
120,800 km = □ m

Wandle um und rechne schriftlich.

⑨ 4 km 5 m + 8,700 km
7,500 t + 37 086 kg
599,08 € + 760 ct
5 h 55 min + 260 min

⑩ 10 321 g – 8,600 kg
27 m 3 cm – 1 784 cm
810 min – 9 h
1 000 € – 199 € 5 ct

⑪ 64 cm 7 mm · 83
720 s · 64
280,79 € · 15
20,500 t · 29

⑫ 5 h 30 min : 6
3,800 kg : 5
460 km 8 m : 4
21,7 cm : 7

Ergänze.

⑬ 3 800 m + □ = 5 km
2 450 m + □ = 5 km
4,905 km + □ = 10 km
0,750 km + □ = 10 km
17 km 40 m + □ = 20 km
9 km 3 m + □ = 20 km

⑭ 230 min + □ = 5 h
95 min + □ = 5 h
470 min + □ = 10 h
513 min + □ = 10 h
6 h 40 min + □ = 1 Tag
18 h 5 min + □ = 1 Tag

⑮ 8 t 800 kg + □ = 10 t
2 t 42 kg + □ = 10 t
5,060 t + □ = 20 t
19,100 t + □ = 20 t
53 900 kg + □ = 100 t
94 008 kg + □ = 100 t

Setze ein: >, < oder =.

⑯ $\frac{1}{2}$ kg ◯ 5 000 g
$\frac{3}{4}$ kg ◯ 75 g
4 $\frac{1}{4}$ t ◯ 4,250 t
10 $\frac{1}{2}$ t ◯ 10 t 50 kg

⑰ 5,900 km ◯ 5 009 m
12,050 km ◯ 12 500 m
639 cm ◯ 60 m 39 cm
13,40 m ◯ 134 cm

⑱ 70 h ◯ 2 $\frac{1}{2}$ Tage
18 h ◯ 1 $\frac{3}{4}$ Tage
540 s ◯ 9 min
1 000 s ◯ 100 min

Pläne zeichnen und vergleichen

① Stelle dir vor, du darfst ein Stockwerk eines Hauses nur für dich alleine planen. Das Stockwerk hat 100 Quadratmeter. Zeichne einen Plan mit den Zimmern, wie dein Traum aussehen würde. Verwende für einen Quadratmeter vier Heftkästchen.

② Vergleicht eure Pläne.
Wo findet ihr Unterschiede, wo Gemeinsamkeiten?

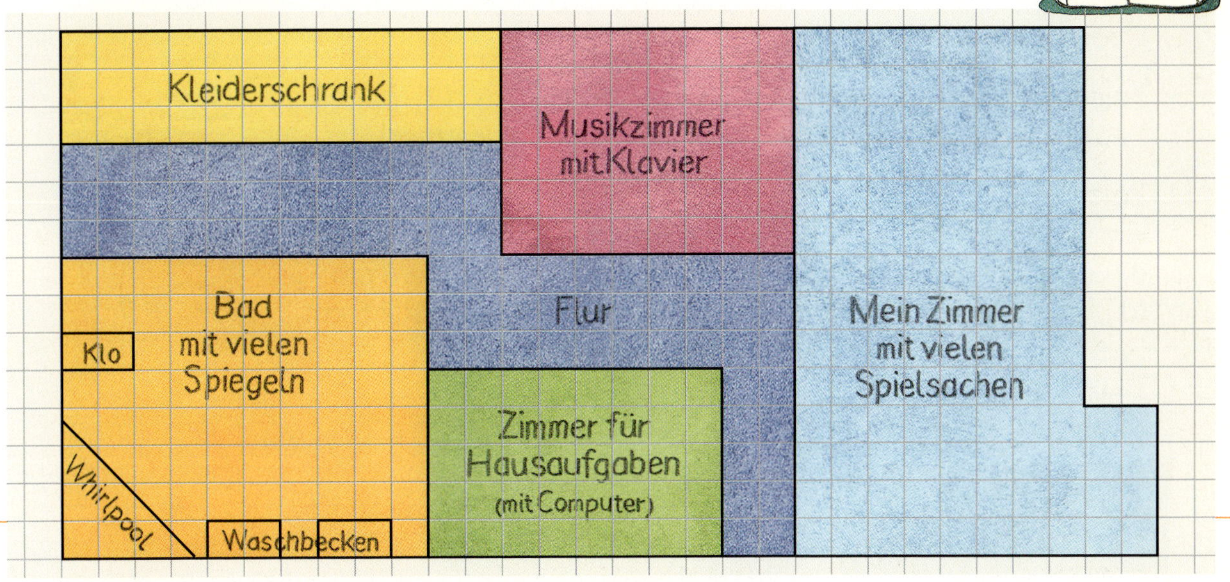

③ Dies ist Lisas Plan. Schätze, welches Zimmer am größten und welches am kleinsten ist.

④ Zeichne Lisas Plan in dein Heft.

⑤ Zeichne in jedes Zimmer von Lisas Plan Zentimeterquadrate ein. Vier Kästchen entsprechen einem Zentimeterquadrat. Wie viele Zentimeterquadrate passen in jedes Zimmer?

⑥ Führt einen „Architekten-Wettbewerb" mit euren Plänen durch. Wer gewinnt den ersten Preis?

⑦ Zeichnet einen eurer Pläne im Schulhof auf. Zeichnet für einen Zentimeter auf dem Plan einen Meter auf dem Schulhof.

⑧ Spielt in „eurem Haus" auf dem Schulhof. Lässt es sich gut „bewohnen" oder müsst ihr den Plan noch ergänzen?

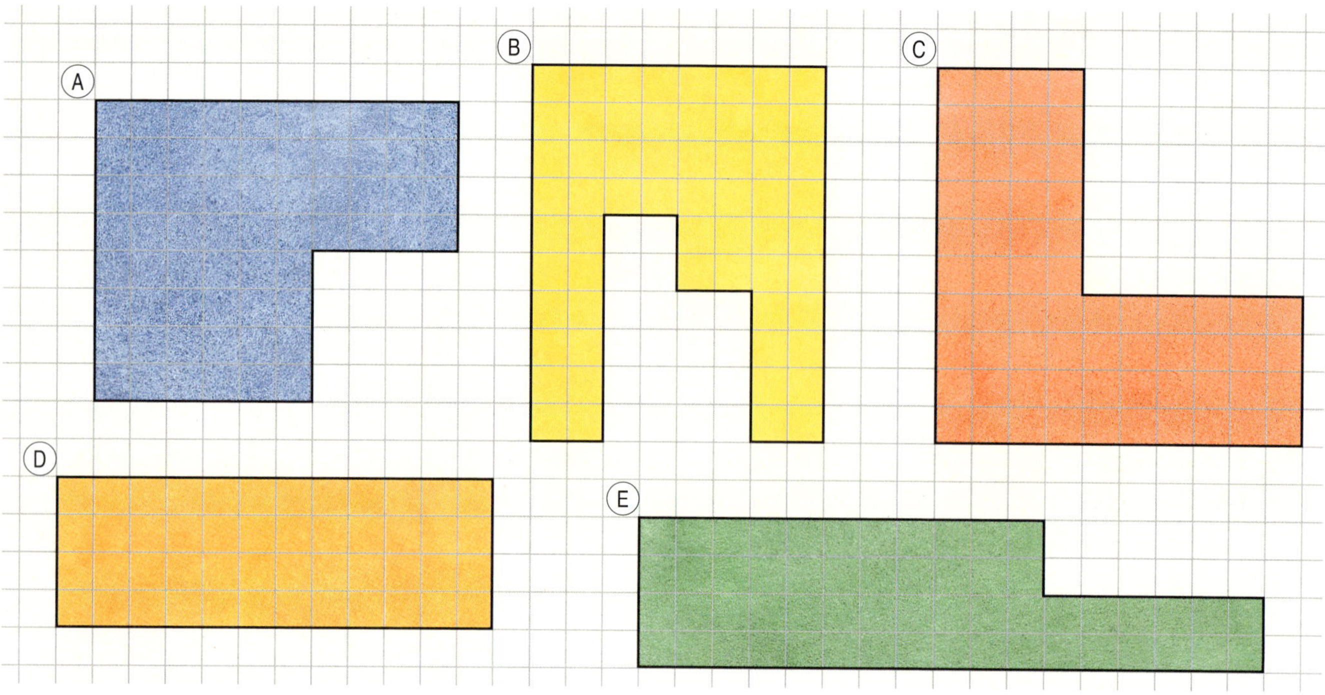

① Schätze, welches die größte, zweitgrößte … Fläche ist.

② Zeichne die Flächen A bis E in dein Heft.

③ Zeichne Zentimeterquadrate in die Flächen ein.
Wie viele Zentimeterquadrate passen in jede Fläche?
Überprüfe deine Schätzung von Aufgabe 1.

④ Zeichne Flächen, die so groß sind wie 20 (18, 15, 13) Zentimeterquadrate. Vergleiche sie mit deinem Partner.

⑤ Zeichne Rechtecke. Ermittle mit einer Multiplikation, wie viele Zentimeterquadrate hineinpassen.

a) Länge 3 cm Breite 5 cm
b) Länge 7 cm Breite 1 cm
c) Länge 2 cm Breite 6 cm
d) Länge 4 cm Breite 2,5 cm

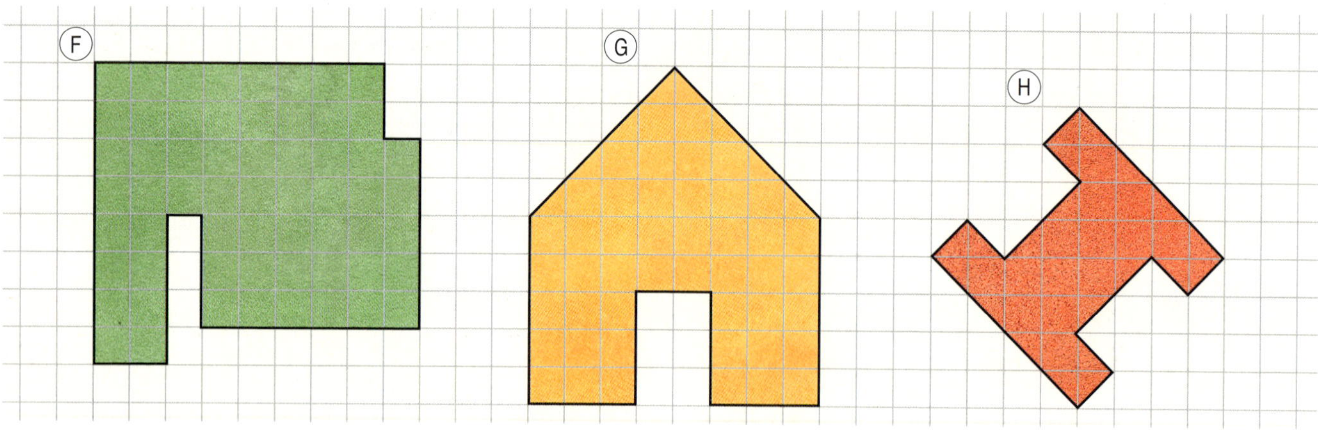

⑥ Wie viele Heftkästchen groß sind die Flächen F bis H?
Wie viele Zentimeterquadrate passen hinein?

⑦ Zeichne Flächen auf Karopapier. Dein Partner ermittelt die Größe der Fläche in Heftkästchen und in Zentimeterquadraten.

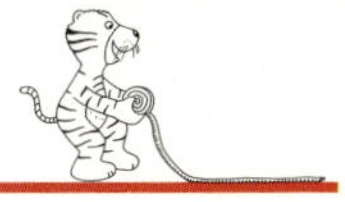

① Adrian zieht für das Völkerballturnier die Linien auf dem Rasen.
Das Feld ist 12 m lang und 8 m breit.
Wie viele Meter Linien muss Adrian ziehen?

② Miss den Umfang der Flächen.

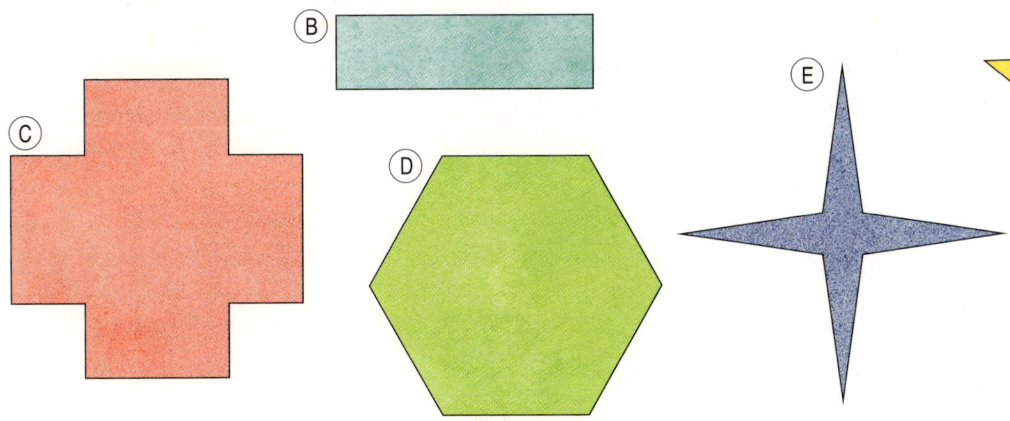

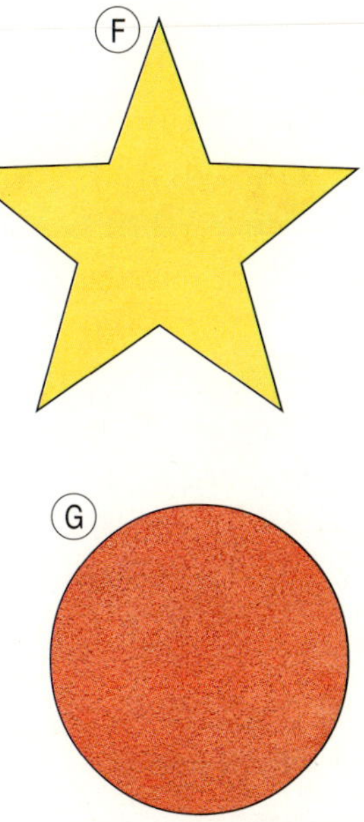

③ Wie groß ist dein Kopfumfang, dein Bauchumfang, der Umfang des Tisches, der Umfang der Tafel und der Umfang eines Tennisballs?
Welche Messgeräte eignen sich jeweils?

Kontrolliere jeweils mit der Umkehraufgabe.

④	⑤	⑥	⑦
380 927 + 596 485	856 329 – 679 403	860 493 : 3	987 654 : 4
467 139 + 278 103	904 702 – 576 814	649 785 : 5	741 832 : 6
109 762 + 759 614	680 043 – 389 148	126 336 : 7	400 612 : 8
896 435 + 91 758	137 241 – 90 652	724 248 : 9	558 901 : 5
64 891 + 830 692	700 020 – 456 789	500 004 : 6	234 567 : 2

Finde Fragen und zeichne zu jeder Aufgabe eine passende Skizze.

① Herr Eisele bringt in Wiebkes Zimmer eine Teppichleiste an. Das Zimmer ist 3,20 m breit und 4,50 m lang. Die Tür mit Rahmen ist 90 cm breit.

② Frau Grün will ihr Salatbeet gegen Schnecken schützen. Ein Stück „Schneckenzaun" ist 50 cm lang. Das Beet ist 2,40 m breit und 4,90 m lang.

③ Bauer Baumann zäunt seine Weide mit Draht ein. Den Draht spannt er dreifach. Die Weide ist 34 m lang und 27 m breit. Am 2,70 m breiten Tor ist kein Draht.

④ Eine Wand muss neu gestrichen werden. Die Wand ist 12 m lang und 4 m hoch. Auf dem Farbeimer steht: „Inhalt des Eimers reicht für 10 Quadratmeter."

⑤ Ein Garten soll mit Fertigrasen ausgelegt werden. Der Garten ist 8,50 m lang und 6 m breit. Die Rasenstücke sind jeweils einen halben Quadratmeter groß.

⑥ Das 3,30 m lange und 2,70 m breite Badezimmer wird mit quadratischen Bodenfliesen ausgelegt. Jede Fliese hat eine Seitenlänge von 30 cm.

⑦ Idas Zimmer ist quadratisch, es passen 16 Meterquadrate hinein. Idas Vater verlegt Parkett zum Preis von 39,90 € je Quadratmeter und bringt Leisten für 8,50 € je Meter an.

⑧ Lena zeichnet ein Rechteck, das 8 cm lang und 2 cm breit ist. Verena sagt: „Ich kann ein Rechteck mit demselben Umfang zeichnen, dessen Fläche aber um 9 Zentimeterquadrate größer ist."

⑨

Ein Kind sagt stumm die Zahlen ab 1 auf. Ein anderes Kind sagt „Stopp!". Die Zahl, bei dem das erste Kind angelangt ist, wird von allen in die Tabelle eingetragen.

Nun rechnet jeder die Aufgaben mit der Zahl. Wer zuerst fertig ist, sagt „Stopp!". Für jede richtige Lösung gibt es 5 Punkte. Wer hat nach 5 Runden die meisten Punkte?

① Trage alle Ergebnisse in eine Tabelle ein.

a) Nimm zwei Quadrate (Beilage 4) und lege sie an ihren Seiten zusammen (Zwilling). Berechne den Umfang der Figur, wenn ein Quadrat die Seitenlänge 6 cm hat.

b) Lege drei Quadrate zusammen (Drilling). Es gibt zwei mögliche Anordnungen. Berechne auch hier jeweils den Umfang.

c) Fahre fort mit vier Quadraten (Vierlinge). Berechne für alle fünf verschiedenen Vierlinge den Umfang. Was fällt dir auf?

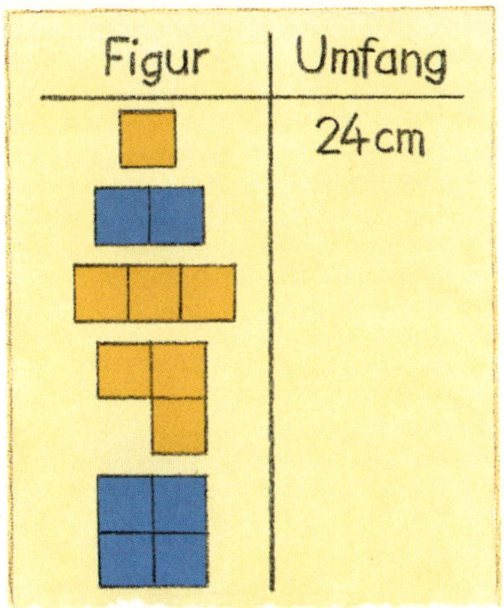

② Pentominos bestehen aus 5 Quadraten.
Versuche alle Möglichkeiten für ein Pentomino zu finden.
Tipp: Lege bei den Vierlingen ein Quadrat an den verschiedenen Seiten an. Zeichne die gefundenen Pentominos verkleinert in dein Heft. Vergleiche dein Ergebnis mit der Klasse.

Partnerspiel

③ Zeichne einige Pentominos auf Karton und schneide sie aus. Nimm zwei (drei, vier) Pentominos und lege sie zusammen. Umfahre den Umriss deiner neuen Figur.
Dein Partner muss nun herausfinden, mit welchen Pentominos du die Figur gelegt hast.

④ Zeichne Rechtecke mit einem Flächeninhalt von 16 Zentimeterquadraten. Beginne mit einer Breite von 1 cm. Miss jeweils den Umfang und trage die Maße in eine Tabelle ein.
Was stellst du fest?

Rechteck	Flächeninhalt in Zentimeterquadraten	Breite in cm	Umfang in cm
a)	16	1	34
b)	16		

⑤ Zeichne jeweils zwei Rechtecke mit einem Flächeninhalt von 9 (12, 15, 20) Zentimeterquadraten. Die eine Fläche soll den größtmöglichen, die andere den kleinstmöglichen Umfang haben.

Entscheide ohne schriftliche Division, ob die Zahlen ohne Rest teilbar sind.

⑥ durch 2	⑦ durch 4	⑧ durch 5	⑨ durch 3	⑩ durch 9	⑪ durch 6
385	836	490	123	123	450
236	526	552	345	345	663
294	372	661	567	567	936
667	990	805	789	789	999

Rechne schriftlich und kontrolliere mit dem Taschenrechner.

① 47 198 · 7	④ 6 305 · 82	⑦ 963 · 548	⑩ 5 091 · 643
② 83 652 · 8	⑤ 8 749 · 64	⑧ 758 · 906	⑪ 2 874 · 895
③ 90 996 · 9	⑥ 3 006 · 79	⑨ 847 · 614	⑫ 9 876 · 543

Wandle um und rechne schriftlich.

⑬ 6 t 829 kg + 7,530 t + 9 004 kg	⑰ 13 t 572 kg : 6	㉑ 8,267 t · 46
⑭ 840,09 € – 35,67 €	⑱ 6 097,50 € : 9	㉒ 7 083 ml · 38
⑮ 8 h + 375 min + $\frac{3}{4}$ h	⑲ 4,560 km : 8	㉓ 31 km 29 m · 50
⑯ 72,14 m – 48 m 6 cm	⑳ 56,40 m : 4	㉔ 205,39 € · 72

Rechenrätsel

㉕ Gesucht ist die Summe aus 42 842 und 309 675.

㉖ Gesucht ist das Produkt aus 549 und 826.

㉗ Gesucht ist die Differenz aus 600 132 und 289 047.

㉘ Gesucht ist der Quotient aus 123 456 und 7.

㉙ Zeichne die Flächen in dein Heft. Berechne bei jeder Fläche den Umfang in cm und den Flächeninhalt in Zentimeterquadraten.

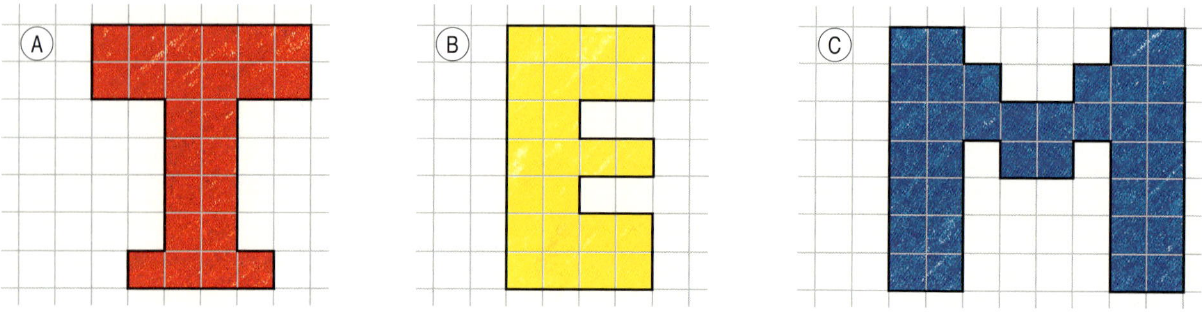

㉚ Zeichne Flächen, die den gleichen Umfang (Flächeninhalt) haben wie die Flächen A, B und C.

㉛

An seinem Haus möchte Herr Plagge einen Sitzplatz gestalten. Dafür hat er 24 quadratische Platten mit einer Seitenlänge von 100 cm zur Verfügung.
Den Sitzplatz möchte er mit möglichst wenig Randsteinen einfassen.
Die Randsteine sind jeweils 1 m lang.
Wie lang und wie breit wird der Sitzplatz, und wie viele Randsteine muss er kaufen?

㉜

Herr Biller pflanzt neue Apfelbäume.
In der ersten Reihe pflanzt er die Bäume im Abstand von 80 cm, in der zweiten Reihe pflanzt er die Bäume im Abstand von 1 m.

a) Nach wie vielen Metern sind die Bäume wieder auf gleicher Höhe?
b) Wie viele Bäume hat er bis dahin in jeder Reihe gepflanzt?

Löse die Aufgaben mit einer Skizze.

1 Für die Kirschernte bei Bauer Jochum brauchen 9 Helfer 5 Tage lang. In diesem Jahr findet Herr Jochum nur 5 Helfer. Wie lange dauert die Ernte?

2 Louise hat ihre Socken gewaschen: ein Paar rote, ein Paar blaue, ein Paar schwarze. Als sie die Socken in der dunklen Waschküche zusammenlegt, ist kein Paar richtig, aber es sind auch keine zwei (falschen) Sockenpaare gleich. Wie hat sie die Socken zusammengelegt?

3 Mit diesen beiden Sanduhren kann man genau 8 Minuten ablesen. Wie geht das?

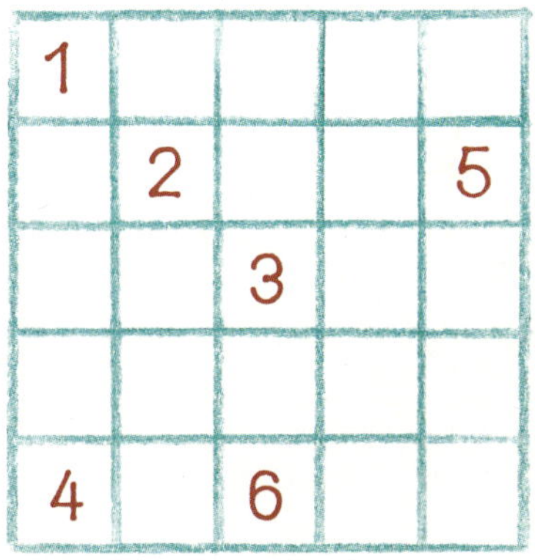

4 In dem Quadrat soll ein Weg von 1 über 2, 3, 4, 5 nach 6 eingezeichnet werden. Die Strecken dürfen nur senkrecht oder waagerecht eingezeichnet werden. Der Weg muss durch alle Felder führen. Dabei darf jedoch jedes Feld nur einmal durchquert werden.

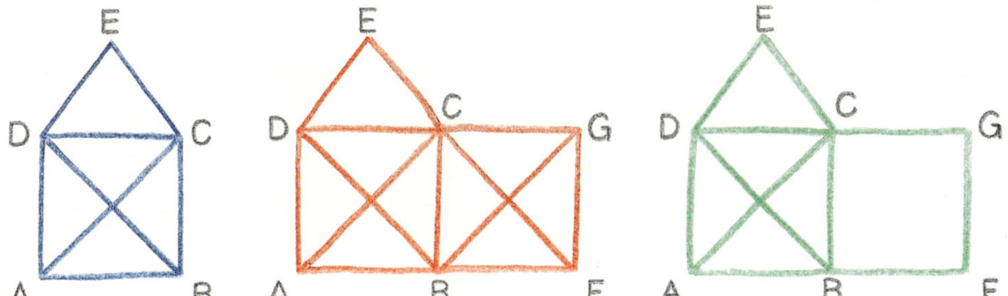

5 Welche der drei Gebäude kann man zeichnen, ohne den Stift abzusetzen und ohne eine Linie doppelt zu ziehen? Schreibe deine Wege auf.

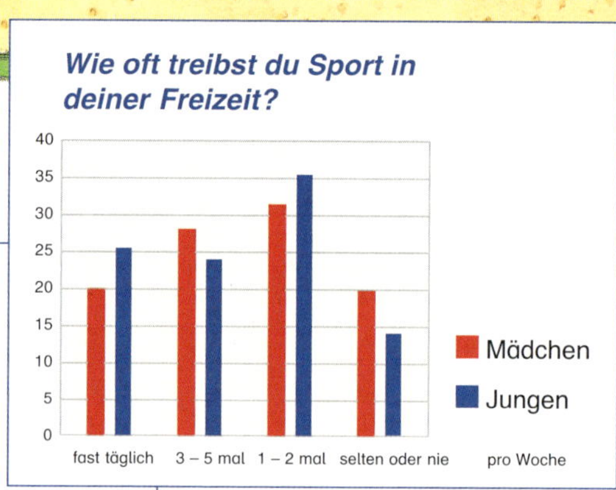

Beim Projekttag „Gesunde Kinder“ wurden genau 100 Mädchen und 100 Jungen im Alter von 6 bis 10 Jahren gefragt, wie oft sie Sport treiben und wie oft sie im Freien spielen. Ihre Antworten sind mit Säulendiagrammen dargestellt.

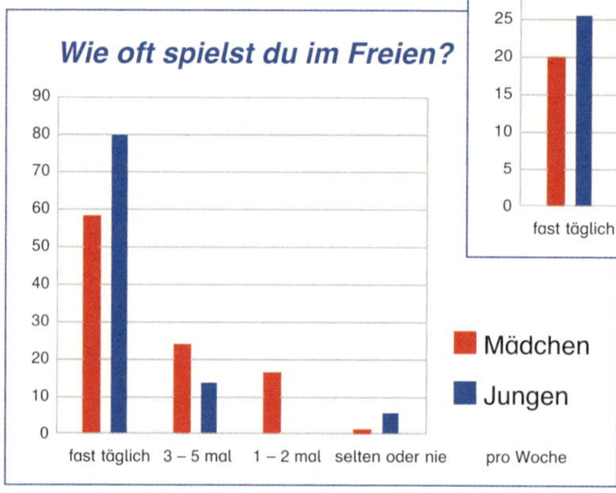

1. Untersucht die Säulendiagramme. Was könnt ihr alles ablesen?
2. Stimmen die Aussagen? Überprüft mit den Säulendiagrammen.
   a) Viele Kinder spielen nie im Freien.
   b) Die meisten Jungen und Mädchen spielen fast täglich im Freien.
   c) Im Freien spielen die Kinder am liebsten Verstecken.
   d) Die meisten Jungen treiben selten Sport.
   e) Doppelt so viele Jungen wie Mädchen treiben täglich Sport.
   f) Von 100 Mädchen treiben 60 Mädchen 1- bis 5-mal Sport pro Woche.

Gruppenarbeit

3. Führt in eurer Schule eine Befragung wie oben durch und stellt die Ergebnisse in Säulendiagrammen dar.
4. Präsentiert eure Ergebnisse vor der Klasse und berichtet, was ihr herausgefunden habt.
5. Vergleicht eure Ergebnisse mit der Befragung von oben. Wo gibt es Gemeinsamkeiten, wo gibt es Unterschiede?
6. Überlegt, warum einige Kinder nie im Freien spielen oder nie Sport treiben. Wie könnte man diese Kinder anregen, Freude an Sport und Spiel zu finden?

Gewinnchancen beim Spiel mit Zahlen

Spielregel zum Spiel „Zahlen ziehen"
- In einem Säckchen sind die Ziffernkarten 1, 2, 3 und 4.
- Zieht abwechselnd eine Karte und multipliziert die beiden Zahlen.
- Der eine Spieler gewinnt bei ungeradem Ergebnis, der andere bei geradem Ergebnis.

(1) Entscheidet vor dem Spielen, ob das Spiel gerecht ist oder nicht.

(2) Spielt das Spiel und schreibt eure Ergebnisse auf. Wer fünfmal gewonnen hat, ist Sieger.

(3) Findet mit einer Tabelle alle möglichen Ergebnisse.
Umkreist die geraden Ergebnisse mit grün,
die ungeraden mit rot. Was stellt ihr fest?

·	1	2	3	4
1	-	2	3	4
2	2	-	6	
3				
4				

2 3

(4) Findet heraus, warum es von einer Art mehr Ergebnisse gibt.
Diese Satzteile helfen euch bei der Begründung:

Wenn man eine gerade Zahl mit einer ungeraden Zahl multipliziert, dann …

Wenn man zwei gerade Zahlen multipliziert, dann …

Wenn man zwei ungerade Zahlen multipliziert, dann …

(5) Entscheide nun, welche Sätze richtig und welche falsch sind.

	richtig	falsch
Es ist sicher, dass man bei „geradem Ergebnis" gewinnt.		
Es ist wahrscheinlich, bei „ungeradem Ergebnis" zu verlieren.		
Es ist möglich, bei „geradem Ergebnis" zu gewinnen.		
Es ist unwahrscheinlich, dreimal das gleiche Ergebnis zu haben.		
Der schlauere Spieler gewinnt immer.		

(6) Wie kann man das Spiel gerecht machen? Tausche dazu eine der Zahlenkarten aus.
Finde nun mit einer Tabelle alle möglichen Ergebnisse wie bei Aufgabe 3.

Tipp: Tausche eine gerade Zahlenkarte durch eine ungerade (z. B. 5) aus.

Ü

Finde die Fehler in den Aufgaben.

(7)
```
  34 905
+ 27 095
--------
  61 990
```

(8)
```
  62 048
– 18 761
--------
  54 287
```

(9)
```
5 043 · 27
----------
    10 086
    35 301
----------
    45 387
```

(10)
```
6 209 · 83
----------
    49 672
    18 627
----------
   515 247
```

(11)
```
  45 927
   3 281
+ 17 654
--------
  66 662
```

Partnerspiel 1

Gewinnkarte 1
Du gewinnst, wenn zweimal hintereinander die gleiche Farbe kommt.

Gewinnkarte 2
Du gewinnst, wenn nicht zweimal hintereinander die gleiche Farbe kommt.

Spielregel:
Jeder wählt eine Gewinnkarte. In einem Säckchen sind ein roter und ein blauer Steckwürfel. Jeder zieht dreimal hintereinander einen Würfel. Nach jedem Zug wird der Würfel wieder zurückgelegt.

1. Spielt das Partnerspiel 1 zehnmal und notiert eure Ergebnisse auf einem Blatt. Wer gewinnt?
2. Zeichnet alle acht Möglichkeiten auf, die es beim dreimaligen Ziehen geben kann. Sind die Chancen gleich verteilt?

Partnerspiel 2

Nehmt nun ein Säckchen mit einem blauen, einem roten und einem gelben Würfel. Es sollen immer zwei Würfel gezogen werden. Nach jedem Zug werden die Würfel zurückgelegt.

3. Zeichnet alle Möglichkeiten auf. Wie viele findet ihr?
4. Findet nun zwei Gewinnregeln, bei denen die Chancen zu gewinnen gleich sind.

Tipp: Betrachtet die Farben der Türmchen.

5. Spielt das Partnerspiel 2 mit euren Gewinnregeln und schreibt die Ergebnisse auf. Wer gewinnt?

6. Beurteilt bei diesen Gewinnregeln, ob die Chancen zu gewinnen gleich sind.

a)
Gewinnkarte 1
Du gewinnst, wenn der erste Würfel gelb ist.

Gewinnkarte 2
Du gewinnst, wenn der erste Würfel blau ist.

b)
Gewinnkarte 1
Du gewinnst, wenn du genau einen blauen Würfel ziehst.

Gewinnkarte 2
Du gewinnst, wenn du zwei gleiche Farben ziehst.

c)
Gewinnkarte 1
Du gewinnst, wenn der zweite Würfel rot oder gelb ist.

Gewinnkarte 2
Du gewinnst, wenn du zwei unterschiedliche Farben ziehst.

7. Vergleicht die beiden Partnerspiele. Wo gibt es Unterschiede?

Ratenzahlung (Finanzkauf) bedeutet, dass man den Preis für eine Ware nicht auf einmal, sondern in Teilen (Raten) über mehrere Monate verteilt bezahlt.

(1) Erklärt anhand der Bilder Barzahlung und Ratenzahlung.

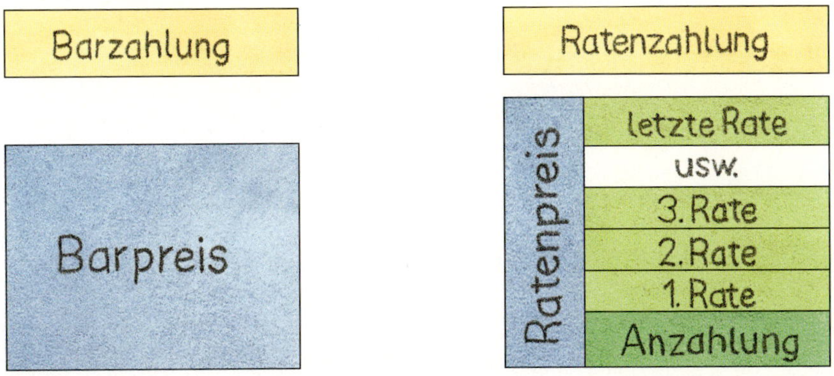

(2) a) Berechnet die Ratenpreise für die Sitzsäcke und vergleicht sie mit den Barpreisen.

b) Was würdet ihr tun, wenn ihr einen der Sitzsäcke kaufen wolltet?

(3) Überlegt, was die Vorteile und was die Nachteile von Ratenzahlungen sind.

(4) Der Barpreis für ein Fernsehgerät beträgt 1 869 €. Der Händler bietet Ratenzahlung an. Anzahlung: 1 000 €, 10 Raten mit je 90 €. Berechne den Ratenpreis.

(5) Für ein gebrauchtes Klavier macht Frau Hörr eine Anzahlung von 810 €, den Rest bezahlt sie in 12 Monatsraten zu je 70 €. Berechne den Barpreis, der 38 € günstiger gewesen wäre.

(6) Frau Reinlich kauft eine Waschmaschine für 1 080 €. Ein Drittel zahlt sie an, den Rest in gleichen Monatsraten zu je 60 €. Wie viele Monate muss sie Raten bezahlen?

(7) Frau Schnitzer kauft ein neues Auto. Sie zahlt 7 000 € an, danach bezahlt sie 16 Monatsraten. Nach 10 Monaten muss sie noch 3 810 € bezahlen. Wie hoch ist eine Rate?

Setze das richtige Zeichen ein: >, <, =.

(8)	(9)	(10)
18 · 4 ◯ 9 · 19	5 · 46 ◯ 7 · 35	84 : 6 ◯ 95 – 59
14 · 7 ◯ 9 · 15	8 · 24 ◯ 6 · 32	105 : 7 ◯ 105 – 93
16 · 6 ◯ 8 · 12	4 · 71 ◯ 5 · 58	76 : 4 ◯ 204 – 185
13 · 5 ◯ 4 · 16	9 · 63 ◯ 6 · 93	144 : 8 ◯ 156 – 139

(1) Das Autohaus bietet verschiedene Möglichkeiten an, das Auto zu bezahlen. Berechne die beiden Ratenpreise und vergleiche sie mit dem Barpreis.

(2) Für den Kauf der neuen Wohnung muss sich Familie Joos 105 000 € von einer Bank leihen (Kredit). Dafür holt sie sich von drei verschiedenen Banken Kredit-Angebote ein.

Bank A
10 Jahre
Monatsrate 1 080 €

Bank B
12 Jahre
Monatsrate 890 €

Bank C
15 Jahre
Monatsrate 730 €

Welche Bank macht das günstigste Kredit-Angebot?

(3) Herr Gierig kauft sich viele Dinge mit Ratenzahlung. Für den Fernseher muss er jeden Monat eine Rate von 97 € bezahlen, für das Auto eine Monatsrate von 322 €. Für die neuen Möbel bezahlt er 253 € im Monat. Jetzt möchte Herr Gierig noch eine neue Waschmaschine haben. Er kann pro Monat höchstens 700 € für seine Raten ausgeben. Was würdet ihr Herrn Gierig empfehlen?

(4) Familie Hotz möchte eine neue Küche zum Ratenpreis von 12 500 € einbauen lassen. Sie rechnet:

Einkommen jeden Monat	2 975 €
Kosten für die Miete und Lebensmittel	1 650 €
Kosten für das Auto (Benzin, Reparaturen usw.)	320 €
Kleidung, Telefongebühren, Zeitung usw.	280 €
Sparrate für die Urlaubsreise	300 €

a) Wie viel Geld kann Familie Hotz für eine Monatsrate ausgeben?
b) Wie viele Monate muss Familie Hotz Raten für die Küche bezahlen, wenn sie keine Anzahlung macht?

(5) Fülle die fehlenden Angaben in den Tabellen aus.

Kredit A	10 000 €
Anzahl der Raten	60
Monatliche Rate	195 €
Gesamtbetrag	
Differenz zum Kredit	

Kredit B	15 000 €
Anzahl der Raten	48
Monatliche Rate	352 €
Gesamtbetrag	
Differenz zum Kredit	

Kredit C	12 000 €
Anzahl der Raten	36
Monatliche Rate	419 €
Gesamtbetrag	
Differenz zum Kredit	

① Runde zum Tausender.

7 591	16 350	800 943
3 406	49 801	250 399
5 055	62 099	999 606

② Runde zum Zehntausender.

6 382	14 585	705 001
4 550	53 091	321 678
8 008	97 214	276 092

③ Runde zum Hunderttausender.

90 084	650 549	1 348 765
56 500	209 900	1 085 973
49 856	876 543	1 450 005

④ Ergänze zum nächsten Tausender.

8 400	12 200	756 700
4 630	35 910	234 560
9 858	59 009	609 394

⑤ Ergänze zum nächsten Zehntausender.

2 800	49 100	505 500
8 040	60 090	158 850
7 777	34 044	999 991

⑥ Ergänze zum nächsten Hunderttausender.

60 000	245 000	1 190 000
85 000	360 900	1 523 000
49 900	708 530	1 999 900

⑦ Berechne die Summe aus:

a) 342 918, 56 082 und 259 763
b) 8 935, 90 371 und 900 428
c) 297 652, 106 559 und 581 675
d) 738, 5 107, 471 529 und 894

⑧ Berechne die Differenz aus:

a) 842 315 und 593 678
b) 104 012 und 98 765
c) 736 637 und 637 736
d) 487 359 und 349 210

⑨ Berechne das Produkt aus:

a) 456 und 789
b) 987 und 654
c) 2 031 und 408
d) 9 452 und 167

⑩ Berechne den Quotienten aus:

a) 458 024 und 7
b) 395 060 und 4
c) 368 698 und 8
d) 450 319 und 5

Finde die fehlenden Ziffern.

⑪
```
  🐾 6 8 9 🐾 1          2 9 🐾 4 7 🐾
+ 4 🐾 9 🐾 6 8       +   🐾 8 🐾 9 8
  7 7 🐾 3 1 🐾          🐾 5 2 2 🐾 4
```

⑫
```
  🐾 2 4 🐾 1 5          8 4 🐾 5 7 🐾
– 3 9 🐾 8 🐾 3        – 2 🐾 7 🐾 2 9
  3 🐾 6 4 5 🐾          🐾 4 2 9 🐾 7
```

⑬
```
🐾 3 7 · 2 9 🐾          5 6 🐾 · 3 🐾 4
    8 7 🐾 0 0          🐾 7 0 4 0 0
    3 9 3 🐾 0                5 6 8 🐾
        🐾 1 8 5               2 2 🐾 2
  🐾 2 8 9 1 🐾          1 🐾 8 🐾 5 2
```

Finde Fragen und löse die Aufgaben.

⑭ Herr Blum hat einen 264 m langen Zaun. Er zäunt damit seine quadratische Viehweide ein.

⑮ Frau Waltl möchte ihr 8,50 m langes und 5,60 m breites Gemüsebeet mit einem Schneckenzaun einfassen.

⑯ Das 5,20 m lange und 4,80 m breite Zimmer von Felix soll einen neuen Korkboden und eine neue Sockelleiste erhalten. Eine quadratische Korkplatte hat eine Seitenlänge von 40 cm.

Vasarely, Victor: „Vega Album“. © VG-Bild-Kunst, Bonn 2013

Marianne Hähnsen: „Kreise in Bewegung“

1. Beschreibt die Bilder genau. Beachtet die Formen und die Farben. Wo findet ihr Gemeinsamkeiten und Unterschiede bei den beiden Bildern?
2. Was hat Victor Vaserely gemacht, damit die Kugel scheinbar aus dem Bild herauskommt?
3. Wie entsteht der Eindruck, dass die Kreise im Bild von Marianne Hähnsen sich bewegen?
4. Zeichne ein Bild wie Marianne Hähnsen. Verwende Zirkel, Lineal und Farben.

5. Zeichne einen Kreis in dein Heft und beschrifte die Teile:
   Radius (r), Durchmesser (d), Mittelpunkt (M), Kreislinie (K).
6. Zeichne Kreise mit dem Radius r.

a) r = 4 cm	c) r = 2,5 cm	e) r = 7,5 cm
b) r = 6 cm	d) r = 5,5 cm	f) r = 10 cm

7. Zeichne Kreise mit dem Durchmesser d.

a) d = 10 cm	c) d = 5 cm	e) d = 12 cm
b) d = 4 cm	d) d = 7 cm	f) d = 15 cm

8. Zeichne einen Kreis freihand (ohne Hilfsmittel) auf ein Blatt. Schneide deinen Kreis aus und falte ihn zweimal in der Mitte. Falte ihn wieder auf. Jetzt hast du den Mittelpunkt. Überprüfe nun mit einem Zirkel, wie genau dein Kreis ist.

Albrecht Dürer (1471 – 1528) war ein berühmter Maler. Vielleicht kennst du das Bild „Betende Hände“.

Eine Geschichte erzählt, dass er an einem Wettbewerb teilnahm. Viele malten wunderschöne Bilder, aber Dürer zeichnete nur einen Kreis, in dessen Mitte er einen Punkt setzte. Große Verwunderung trat bei den Künstlern auf.

Sie lachten über ihn. Was das wohl sollte? Dürer meinte, dass sie den Kreis mit einem Zirkel überprüfen sollten. Und siehe da, der Kreis war ganz genau. Nun erkannten sie, dass diese Leistung weit schwerer ist, als einen Obstkorb oder Ähnliches zu malen.

Quelle: http://www.infonet-service.de/index.htm

Genau zeichnen mit dem Zirkel

Nikolai findet eine interessante Kreisfigur und überlegt, wie er sie abzeichnen kann. Er schreibt die einzelnen Schritte auf.

① Zeichne die Figur genau in dein Heft.

② Beende die Beschreibung von Nikolai.

③ Male die fertige Figur so an, dass ein schönes Bild entsteht.

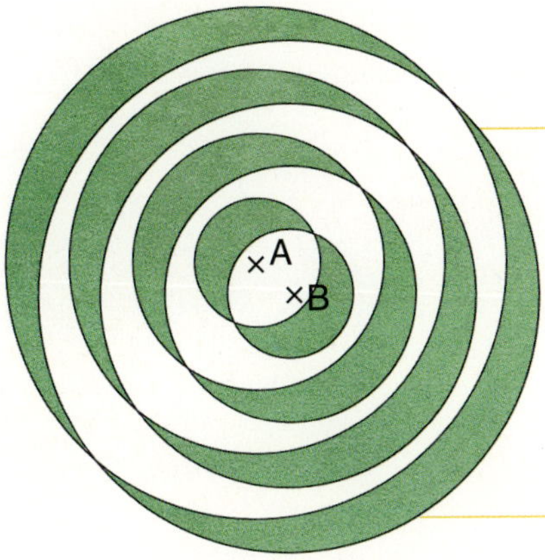

④ a) Kennzeichne die Punkte A und B in einem Abstand von 7 mm. Zeichne um den Punkt A Kreise mit den Radien 1 cm, 2 cm, 3 cm und 4 cm. Zeichne nun um den Punkt B Kreise mit den gleichen Radien.

b) Male die Figur an.

Partnerarbeit

⑤ Findet heraus, wie dieses Muster gezeichnet wurde. Zeichnet es dann doppelt so groß ab und setzt es nach allen Seiten fort.

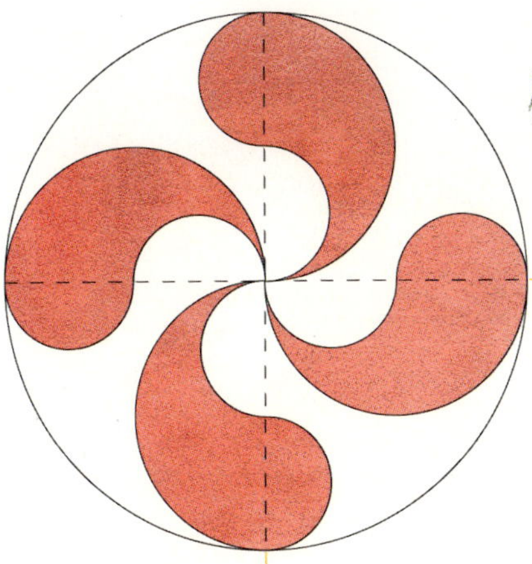

⑥ Zeichnet die Figur vergrößert nach. Der Radius des großen Kreises soll 4 cm betragen.

⑦ Entwerft eigene Muster und Figuren mit dem Zirkel.

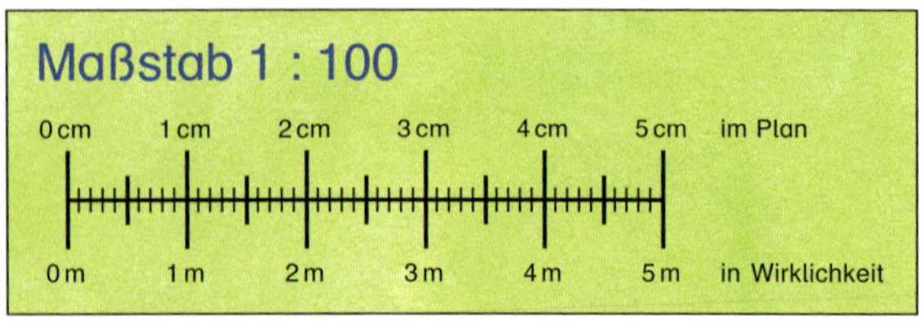

An der Burgschule dürfen die Kinder den Spielplatz des Schulhofs mitgestalten. Sie haben begonnen, einen Plan zu zeichnen. Dabei haben sie den Maßstab 1 : 100 verwendet. Das bedeutet: 1 cm auf dem Plan entspricht 100 cm in Wirklichkeit.

① Übertrage den Umriss des Spielplatzes millimetergenau auf ein Blatt Papier.

② Verteile die Spielgeräte auf dem Plan. Achte dabei auf deren Maße. Für die Rutsche, die Schaukel und das Klettergerüst sind 2 m Sicherheitsabstand zum nächsten Gerät Vorschrift. Beim Reck und beim Balancierbalken beträgt der Sicherheitsabstand nur 1 m. Bei den aufgezeichneten Spielen muss kein Abstand eingehalten werden. Zeichne die Sicherheitsabstände rot ein.

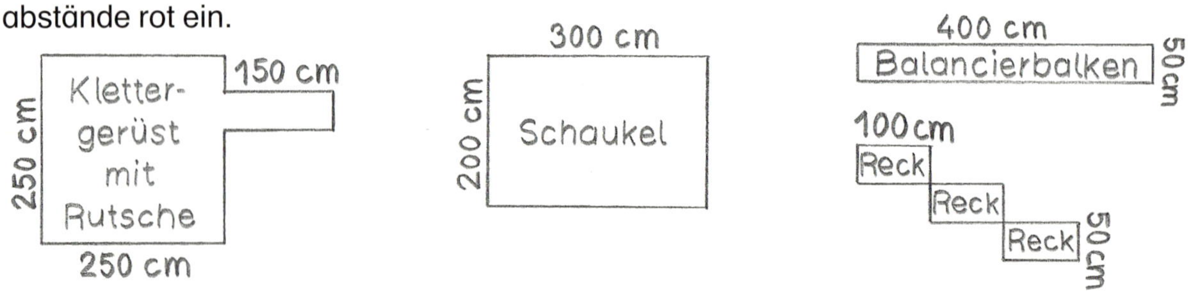

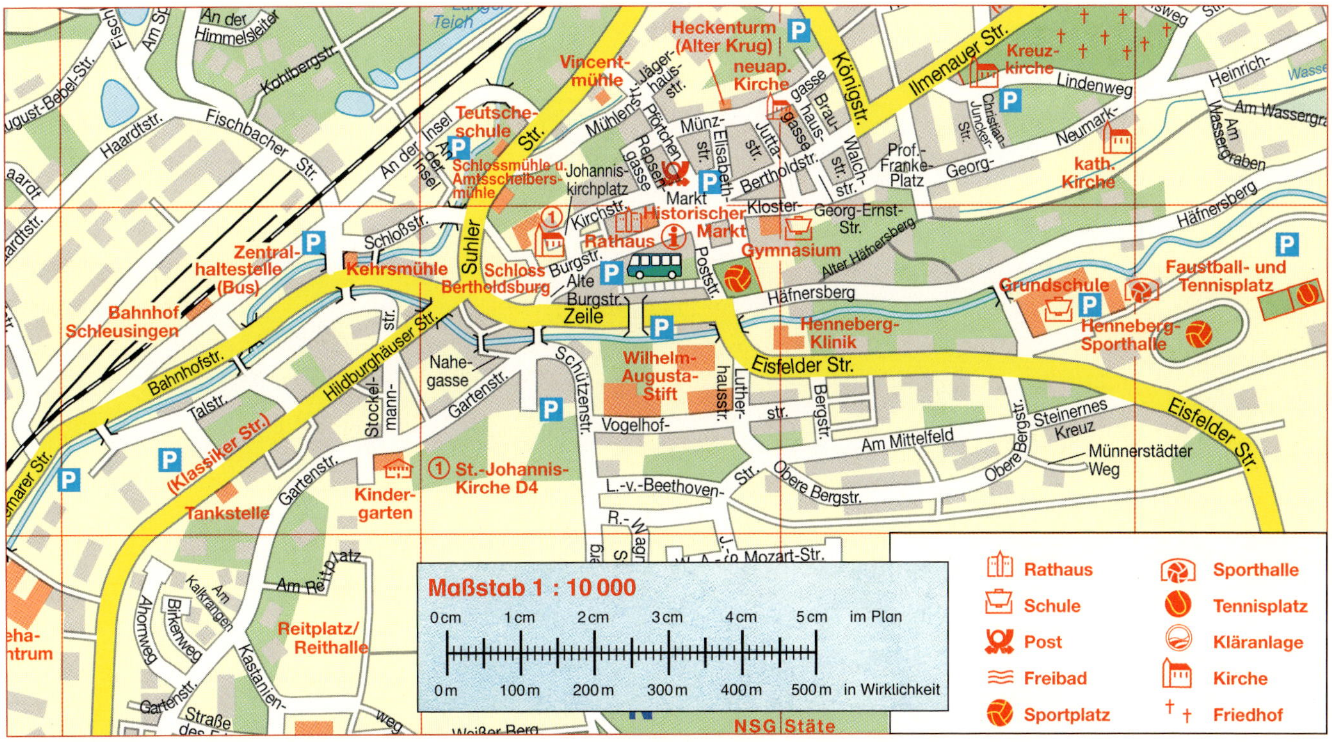

Mit freundlicher Genehmigung der GVG, Geographische Verlagsgesellschaft mbH, Holbeinstraße 2, 81679 München. **Lizenz Nr. 75.364/07**

① Der Stadtplan von Schleusingen ist im Maßstab 1 : 10 000 gezeichnet. Miss die Entfernungen und rechne in Meter um: a) Grundschule – Rathaus, b) Grundschule – Bahnhof, c) Grundschule – Schloss, d) Gymnasium – Henneberg Sporthalle, e) Kindergarten – Kreuzkirche, f) Teutscheschule – Tennisplatz.

ADAC Verlag / CartoTravel Verlag GmbH & Co. KG, Bad Soden/Ts

② Die Karte im Maßstab 1 : 100 000 zeigt einen Ausschnitt aus dem Thüringer Wald. Berechne die Entfernungen (Luftlinie) in Kilometer: a) Waldau (Kirche) – Sommerberg, b) Schleusingen (Kirche) – Hohe Warth, c) Biberau (Kirche) – Hinternah (Kirche),

d) Engenau – Simmersberg.

③ Suche auf Landkarten die Maßstabsangaben und berechne Entfernungen (Luftlinie) zwischen verschiedenen Orten.

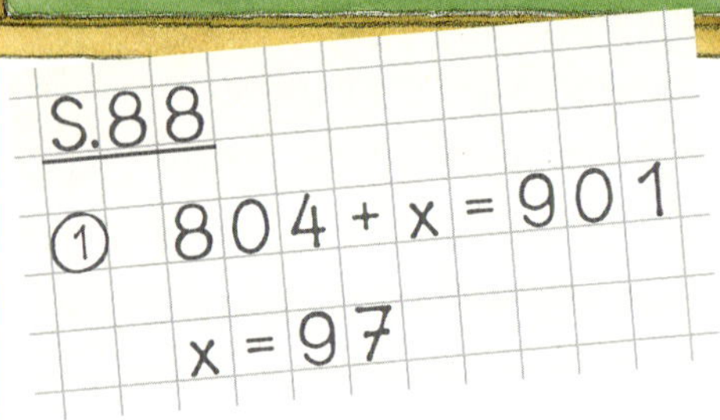

Löse die Gleichungen.
Du kannst alle Aufgaben im Kopf rechnen.

(1) 804 + x = 901
392 + x = 414
670 + y = 725
549 + y = 630

(2) x + 710 = 777
x + 178 = 208
y + 498 = 555
y + 674 = 1 000

(3) 195 – x = 103
615 – x = 520
304 – y = 190
444 – y = 396

(4) x – 200 = 362
x – 561 = 239
y – 270 = 317
y – 333 = 667

(5) 7 · a = 42
4 · a = 36
14 · b = 42
15 · b = 60

(6) a · 5 = 45
a · 9 = 72
b · 6 = 36
b · 7 = 56

(7) 28 : a = 7
81 : a = 9
48 : b = 8
18 : b = 3

(8) a : 4 = 6
a : 12 = 4
b : 19 = 2
b : 25 = 4

Denke beim Lösen dieser Gleichungen an die Rechengesetze.

(9) 34 + 8 · a = 74
73 + 6 · b = 91

(10) 72 – 56 : a = 65
91 – 45 : b = 82

(11) (28 + 32) · x = 240
(73 + 37) · y = 660

(12) (64 – 36) : x = 4
(85 – 37) : y = 8

Löse die Ungleichungen.

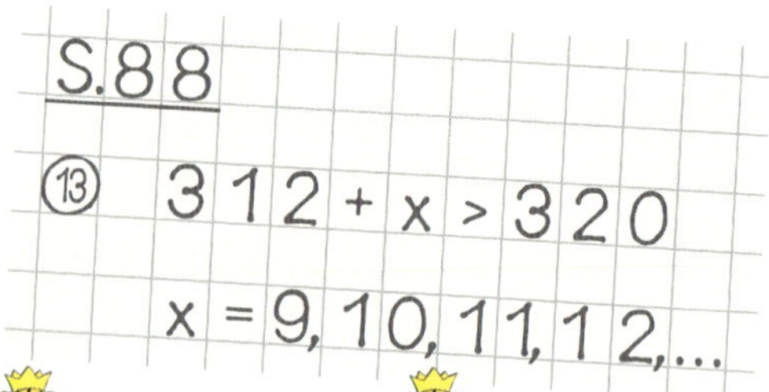

(13) 312 + x > 320
196 + x > 205
437 + y > 437
555 + y > 600

(14) x + 499 < 505
x + 228 < 230
y + 765 < 770
y + 996 < 1 000

(15) 212 – x < 200
456 – x < 450
308 – y < 295
591 – y < 510

(16) y – 95 > 110
y – 320 > 85
x – 200 > 342
x – 610 > 390

(17) 35 > 5 · a
48 > 6 · a
54 > 6 · b
27 > 9 · b

(18) a · 4 > 20
a · 3 > 18
b · 6 > 50
b · 8 > 25

(19) 24 : a < 8
42 : b < 6
63 : c < 9
35 : d < 7

(20) a : 9 > 5
b : 3 > 8
c : 8 > 4
d : 6 > 7

Schreibe jeweils nur die kleinste passende Zahl auf.

(21) 360 : 40 < x
160 : 20 < x
490 : 70 < x

(22) 480 : 6 < x
320 : 8 < x
450 : 9 < x

(23) 700 · 50 < y
600 · 90 < y
300 · 70 < y

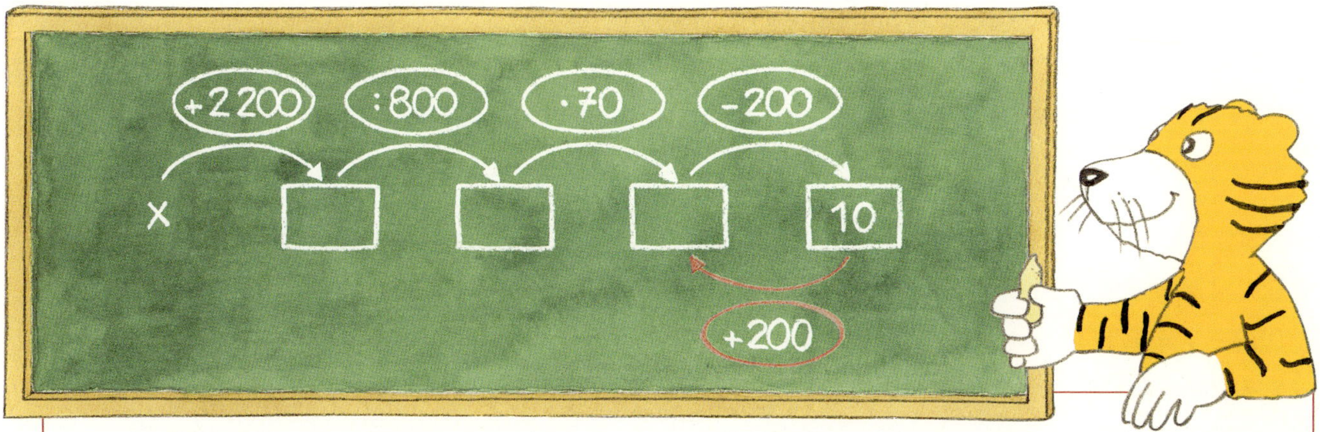

① Ich denke mir eine Zahl x, addiere 2 200, dividiere durch 800, multipliziere mit 70, subtrahiere 200 und erhalte 10.

② Ich denke mir eine Zahl y, multipliziere sie mit 8, addiere 140, nimm die Hälfte davon und subtrahiere 250. Ich erhalte genau 100.

③ Ich denke mir eine Zahl x, die ich durch 4 dividiere, dann mit 90 multipliziere. Jetzt addiere ich 90 und subtrahiere 809. Ich erhalte 1.

④ Ich denke mir eine Zahl y. Ich subtrahiere 250 und dividiere durch 2. Nun addiere ich 250 und multipliziere sie mit 2. Ich erhalte 750.

⑤ Welche Zahlen sind größer als das Siebenfache von 9?

⑥ Welche Zahlen sind kleiner als das Achtfache von 12?

⑦ Welche Zahlen sind größer als das Vierfache von 15, aber kleiner als das Neunfache von 8?

⑧ Welche Zahlen sind kleiner als das Doppelte von 276, aber größer als das Neunzigfache von 6?

⑨ Ich denke mir drei Zahlen x, y, und z. Die Summe dieser drei Zahlen ist 70. x ist das Doppelte von y und z ist der vierte Teil von x.

⑩ Ich denke mir drei Zahlen a, b und c. Die Zahl a liegt zwischen 50 und 100. Wenn ich b von a subtrahiere, erhalte ich das Doppelte von c.

Welche Zahlen stehen für die Zeichen? Gleiches Zeichen bedeutet gleiche Zahl.

⑪
▲ + ▲ = ■
240 − ◆ = ◆
■ : 3 = ◆

⑫
● + ▼ = ■
30 · ▼ = ■
8 100 : ▼ = ▼

Gleiches Zeichen bedeutet gleiche Ziffer.

⑬

1●	·	▲	=	▲8
·		:		·
6	:	●	=	■
=		=		=
7●	·	●	=	1▲▲

⑭

7♦5	−	5★○	=	○5💧
+		+		+
★○♦	−	♦4	=	♦○
=		=		=
89★	−	57♦	=	💧★5

Rechne schriftlich und kontrolliere die Aufgaben.

(1) 765 398 + 209 687	(4) 5 842 · 73	(7) 834 216 – 679 428	(10) 866 256 : 8
(2) 89 + 6 754 + 300 628	(5) 971 · 468	(8) 400 132 – 98 765	(11) 710 916 : 5
(3) 109 + 470 968 + 9 527	(6) 2 036 · 509	(9) 102 030 – 30 264	(12) 134 025 : 7

Löse die Gleichungen.

(13) $531 + x = 606$	(17) $7 \cdot a = 105$
(14) $952 - y = 470$	(18) $92 : b = 23$
(15) $x + 605 = 915$	(19) $a \cdot 6 = 312$
(16) $y - 397 = 108$	(20) $b : 8 = 103$

Löse die Ungleichungen.

(21) $520 + x < 538$	(25) $8 \cdot a > 65$
(22) $719 - y > 699$	(26) $48 : b < 12$
(23) $x + 304 > 416$	(27) $a \cdot 13 < 73$
(24) $y - 195 < 180$	(28) $b : 20 > 14$

(29) Judith denkt sich eine Zahl x. Sie multipliziert sie mit 5 000, addiert 14 000, dividiert durch 900, subtrahiert 28 und erhält 32.

(30) Julius denkt sich eine Zahl y. Er dividiert sie durch 1 500, multipliziert mit 25, addiert 100 250, subtrahiert 99 999 und erhält 1 001.

(31) Frau Schuldt möchte ein Cabriolet für 21 447 € kaufen. 12 870 € kann sie anzahlen. Den Rest möchte sie in höchstens 9 Raten bezahlen.

(32) Familie Peters hat neue Möbel für das Wohnzimmer gekauft. Der Ratenpreis betrug 8 341 €. Frau Peters hat 15 Raten zu je 354 € bezahlt. Wie hoch war die Anzahlung?

(33) Zeichne die Figur doppelt so groß in dein Heft. Kennzeichne die parallelen Linien und die rechten Winkel.

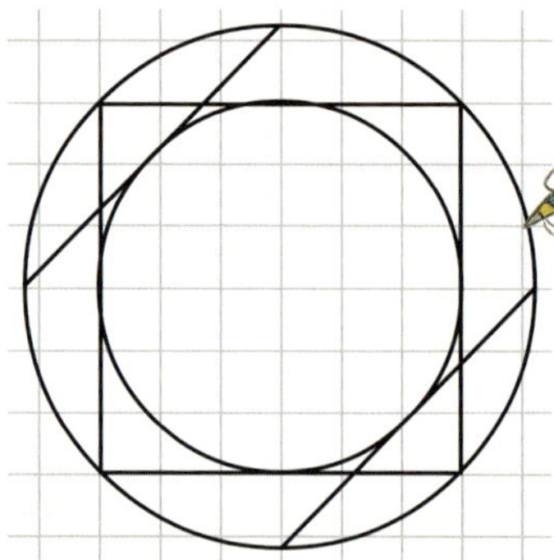

(34) Zeichne mit Zirkel und Geodreieck Figuren. Schreibe auf, wie du deine Figur gezeichnet hast.

(35) Die Karten liegen verdeckt vor dir. Eine Karte darfst du ziehen. Stelle deine Gewinnchancen in Rädern dar. Zeichne die Räder ab und färbe jeweils die entsprechende Anzahl von Feldern.

a) Chancen, Herz oder Karo zu ziehen
Beispiel:

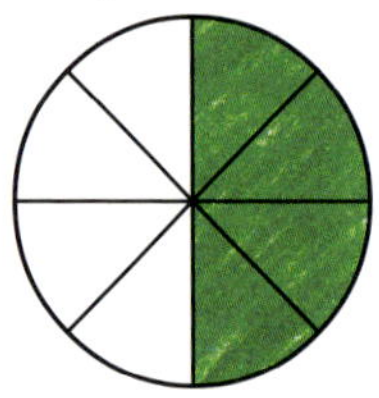

b) Chancen, Herz zu ziehen

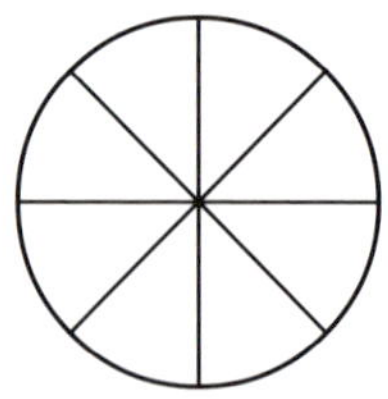

c) Chancen, eine Dame oder Herz zu ziehen

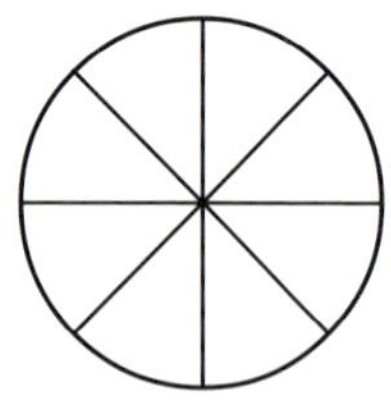

d) Chancen, eine Dame zu ziehen

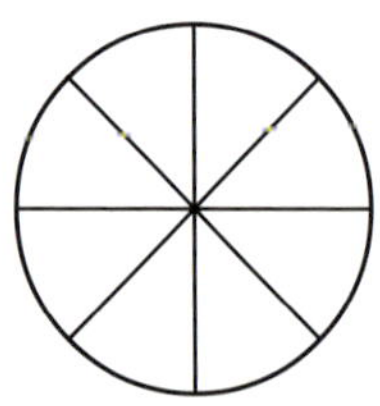

e) Chancen, den Kreuz König zu ziehen

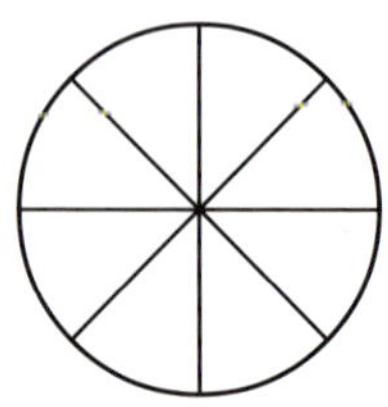

f) Chancen, eine Dame oder einen König zu ziehen

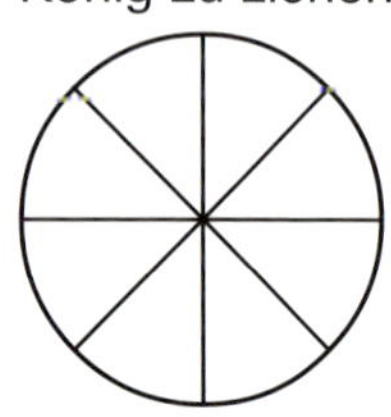

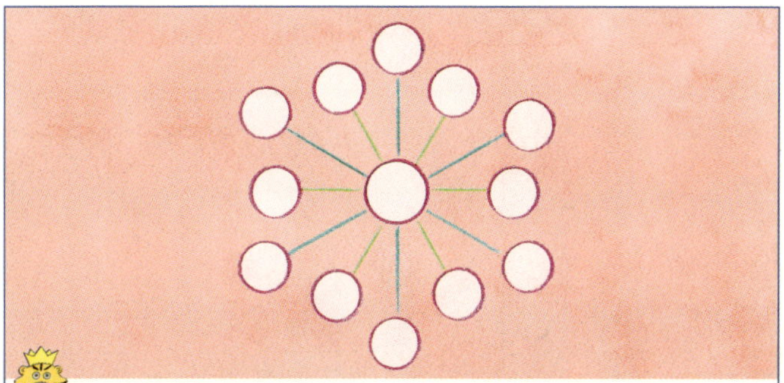

1 Setze die Zahlen 1 bis 13 so in die Kreise, dass auf jeder Linie die Summe 21 entsteht.

2 Beyza und ihre 5 Freunde wollen die Pizza gerecht teilen. Jedes Stück soll gleich groß sein. Löse die Aufgabe mithilfe eines Zirkels.

3 Rahel hat sich für ihren Kindergeburtstag ein Spiel ausgedacht: Jedes Kind darf sich aus einem riesigen Sack so viele Bonbons nehmen, wie es möchte, höchstens jedoch 40 Stück. Jetzt soll jedes Kind mit seinen Bonbons genau zwei gleich große Häufchen legen. Wenn das gelingt, erhält das Kind einen Punkt. Dann muss jeder seine Bonbons in drei gleich große Häufchen legen. Wenn das gelingt erhält das Kind wieder einen Punkt. So geht es weiter mit vier, fünf usw. Häufchen. Wie viele Bonbons hättest du genommen, um möglichst viele Punkte zu bekommen?

4 Pinocchio schwindelt gerne. Zu Beginn eines Tages hatte seine Nase eine Länge von 5 cm. Bei jeder Lüge verlängerte sich seine Nase um 3 cm. Jedes Mal, wenn er die Wahrheit sagte, verkürzte sich seine Nase wieder um 2 cm. Bis zum Ende des Tages schwindelte Pinocchio 7-mal und seine Nase war 20 cm lang. Wie oft sagte Pinocchio an diesem Tag die Wahrheit?

5 Im Stadtpark gibt es einen Flusslauf mit 5 Brücken. Es soll ein Rundweg angelegt werden, bei dem man über jede Brücke genau einmal geht. Wo muss die neue Brücke gebaut werden, damit es einen solchen Rundweg gibt?

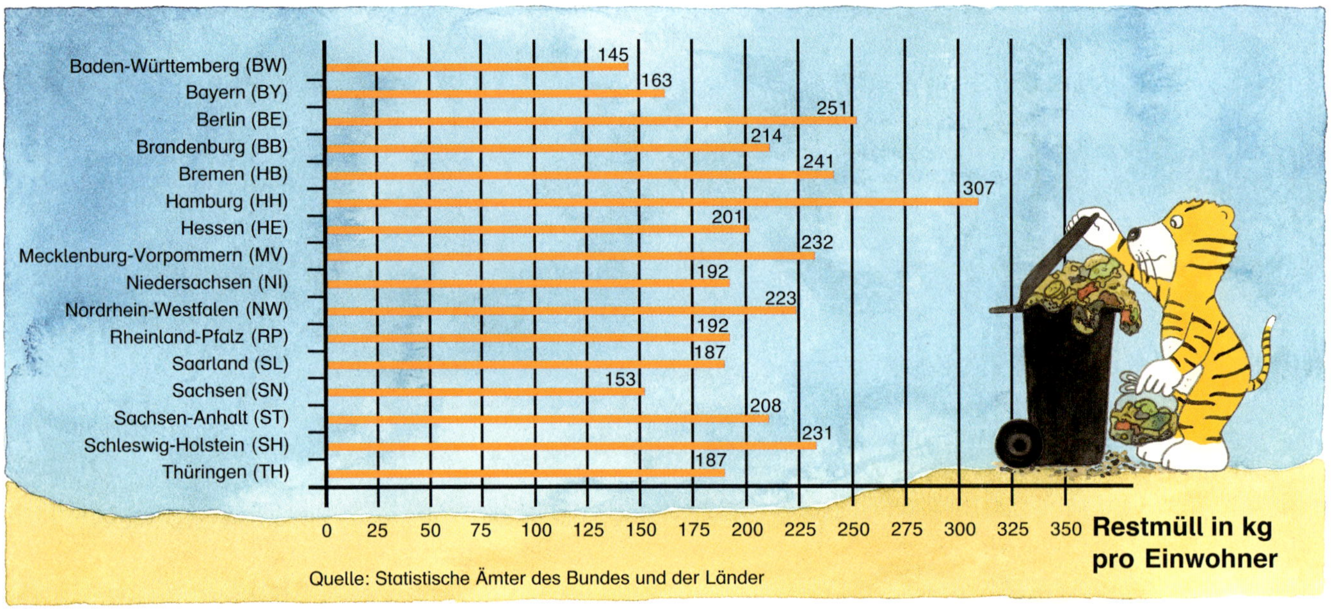

Die Statistik zeigt, wie viel Kilogramm Restmüll (ohne wiederverwerteten Müll) in einem Jahr in den einzelnen Bundesländern durchschnittlich pro Einwohner anfallen.

S. 92

① 145 : 12 = 12 R 1
12
 25
 24
  1

In BW erzeugt jeder Bürger rund 12 kg Müll pro Monat.

(1) Wähle mindestens vier Bundesländer aus. Rechne aus, wie viel Kilogramm Restmüll jeder Bürger in diesen Bundesländern pro Monat erzeugt.

(2) Berechne für deine Klasse, wie viel Müll in einem Monat anfällt. Verwende dazu die Zahlen deines Bundeslandes. Überlege, was so schwer ist wie diese Menge.

(3) Rechnet man den Müll, der wiederverwertet wird, zum Restmüll dazu, dann fallen in folgenden Ländern diese Gesamtmüllmengen pro Kopf und Jahr an:

Irland	Groß-britannien	Österreich	Deutschland	Polen	Frankreich	Luxemburg	Finnland
636 kg	521 kg	591 kg	450 kg	315 kg	532 kg	678 kg	470 kg

a) Ordne die Länder nach ihrem Gesamtmüllaufkommen pro Einwohner.
b) Berechne das Pro-Kopf-Müllaufkommen jedes Landes für jeweils einen Monat.
c) Zeichne ein Balkendiagramm, das das Pro-Kopf-Müllaufkommen in einem Monat in jedem Land zeigt. (1 kg Müll entspricht 1 mm Balkenlänge.)

(4)	(5)	(6)	(7)	(8)
42 855 : 15	16 016 : 11	60 275 : 25	34 346 : 13	32 368 : 14
84 615 : 15	82 951 : 11	33 675 : 25	17 212 : 13	23 200 : 16
29 985 : 15	61 105 : 11	79 800 : 25	40 365 : 13	51 442 : 17
93 105 : 15	42 636 : 11	21 350 : 25	65 039 : 13	38 556 : 18

Jede Person in Deutschland erzeugt in einem Jahr durchschnittlich 450 kg Müll.

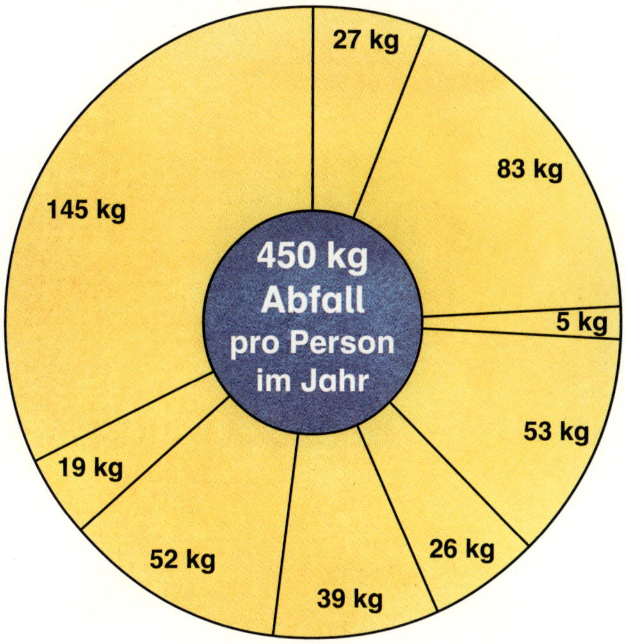

Die Abfallsorten sind nach dem Gewicht ihrer Menge geordnet. Restmüll wird am meisten erzeugt.

1. Schreibe zu jeder Müllsorte, wie viel kg davon eine Person durchschnittlich in einem Jahr erzeugt.

2. Bis auf den Restmüll werden alle Abfälle wiederverwertet (recycelt). Rechne aus, wie viel kg Abfall pro Person in einem Jahr recycelt wird.

Gruppenarbeit

3. a) Rechnet aus, wie viel Abfall von Papier und Pappe eine Person im Monat erzeugt.
   b) Stellt diese Menge mit Kopierpapier dar.
   c) Wie viel Papier- und Pappe-Abfall erzeugen alle Kinder eurer Klasse im Monat? Wie kann man diese Menge darstellen?

4. In einem Wohnblock mit 16 Wohnungen wohnen insgesamt 34 Personen. Zweimal im Monat wird der Müllcontainer geleert. Berechne, wie schwer der Restmüll in dem Müllcontainer durchschnittlich bei jeder Leerung ist. Verwende die Zahlen von Aufgabe 1.

5. In jedem der 250 000 Altglascontainer in Deutschland werden pro Jahr durchschnittlich 9 500 kg Glas gesammelt. Wie viel kg Glas sind das etwa pro Monat, pro Woche und pro Tag?

6. Wiege eine Glasflasche und rechne aus, wie viele solcher Glasflaschen jeden Tag in einen Altglascontainer geworfen werden.

7	8	9	10	11
6 732 : 12	36 710 : 20	27 450 : 15	351 375 : 25	38 329 : 13
4 044 : 12	42 450 : 30	50 325 : 15	170 300 : 25	18 932 : 14
9 324 : 12	79 080 : 40	71 980 : 15	482 630 : 25	22 374 : 16
5 556 : 12	66 660 : 50	99 995 : 15	624 545 : 25	28 712 : 17

Alemannenschule

Läufer	Zeit min : s
1. Läufer/in	9:21
2. Läufer/in	9:41
3. Läufer/in	8:42
4. Läufer/in	9:34
5. Läufer/in	8:50
6. Läufer/in	8:34
7. Läufer/in	9:07
8. Läufer/in	9:42
9. Läufer/in	9:20
10. Läufer/in	9:37

Grundschule Bonndorf

Läufer	Zeit min : s
1. Läufer/in	8:45
2. Läufer/in	8:58
3. Läufer/in	9:27
4. Läufer/in	8:22
5. Läufer/in	8:52
6. Läufer/in	8:36
7. Läufer/in	9:18
8. Läufer/in	8:28
9. Läufer/in	9:27
10. Läufer/in	8:54

Am Mini-Marathon (2,1 km Länge) in Tiengen nehmen jedes Jahr rund 2 700 Schülerinnen und Schüler aus über 80 Schulen teil. In der Tabelle stehen die Ergebnisse der Läuferinnen und Läufer von zwei Mannschaften.

(1) Vergleiche die Ergebnisse der beiden Schulen. Wie lange benötigte der schnellste Läufer, wie lange der langsamste Läufer für den Mini-Marathon?

(2) Wie groß war der Zeitunterschied zwischen den beiden Läufern?

(3) Der Grundschulrekord liegt bei 7 min 49 s. Wie groß ist der Unterschied zum schnellsten Läufer der Grundschule Bonndorf?

(4) Für die Mannschaftswertung werden die Zeiten aller Läufer einer Mannschaft addiert. Berechne die Gesamtzeit jeder Mannschaft. **Tipp:** Addiere die Minuten und Sekunden getrennt und wandle die Ergebnisse dann um.

(5) Rechne aus, wie lange der schnellste Mini-Marathon-Läufer für einen richtigen Marathon (42 km) benötigen würde. Vergleiche mit dem Weltrekord.

(6) Legt eine Tabelle mit euren Laufzeiten bei einem Wettlauf an. Berechnet Unterschiede.

A B C D E F

(7) a) Lies die Uhrzeiten ganz genau ab. Schreibe bei den analogen Uhren zwei Zeiten auf.
b) Wie viel Zeit ist jeweils seit Beginn des Tages vergangen?
c) Wie viel Zeit vergeht jeweils bis zum Ende des Tages?

Ü

(8) Wie viele Sekunden?

a)	b)
3 min	$\frac{1}{2}$ min
5 min	$\frac{3}{4}$ min
10 min	$\frac{1}{4}$ min
30 min	$2\frac{1}{2}$ min

(9) Wie viele Minuten?

a)	b)
240 s	12 h 12 min
360 s	6 h 30 min
500 s	5 h 12 min
1 000 s	10 h 45 min

(10) Wie viele Stunden?

a)	b)
250 min	2 Tage
400 min	5 Tage
750 min	1 Woche
960 min	30 Tage

7338.1 🚌 ✶(Blumberg) – Grimmelshofen – Stühlingen – Waldshut

DB Bahn Südbadenbus (SBG), Fahrplan + Tarifauskunft ☎ (07751) 8759–19 , Am Busbahnhof, 79761 Waldshut ☎ (07751)8759–19 / –0, Fax –20

Montag – Freitag																		
Fahrtnummer	7338 112	7338 124	7338 136	7338 128	7338 140	7338 164	7338 180	7338 176	7338 184	7338 204	7338 232	7338 236	7338 256	7338 268	7338 288	7338 296	7338 312	7338 316
Verkehrsbeschränkungen		F	S	S	F						S	F						
Anmerkungen											99				28			
Grimmelshofen Ort	5 37				6 31			7 54	8 36		11 55	12 11		14 16	16 07	17 16	18 36	
Weizen B 314	5 41				6 35			7 58	8 40		11 59	12 15	13 20	14 20	16 11	17 20	18 40	
Stühlingen Lindenweg	⌇				⌇			⌇	⌇	10 21	⌇	⌇	⌇	⌇	⌇	⌇	⌇	
Stühlingen Bahnhof	5 45	6 24		6 37	6 39	6 53	7 42	8 02	8 44	10 24	12 03	12 18	13 24	14 24	16 15	17 24	18 44	19 44
Stühlingen Kath. Kirche	5 47	6 26		6 39	6 41	6 54	7 44	8 04	8 46	10 26	12 10	12 20	13 26	14 26	16 17	17 26	18 46	19 46
Stühlingen Schulzentrum	⌇	⌇		⌇	⌇	⌇	⌇	⌇	⌇	⌇	12 08	⌇	⌇	⌇	16 20	⌇	⌇	⌇
Stühlingen Rathaus	5 49	6 28		6 41	6 43	6 56	7 46	8 06	8 48	10 28	⌇	12 22	13 28	14 28	16 22	17 28	18 48	19 48
Eberfingen	5 54	6 33		6 46	6 48	7 01	7 50	8 11	8 53	10 33	⌇	12 27	13 33	14 33	16 27	17 33	18 53	19 53
Eggingen Kindergarten	⌇	⌇		⌇	6 54	7 07	⌇	⌇	⌇	⌇	⌇	12 33	⌇	⌇	16 33	⌇	⌇	⌇
Mauchen Wendeplatz	⌇	⌇	6 40	⌇	⌇	⌇	⌇	⌇	⌇	⌇	⌇	⌇	⌇	⌇	⌇	⌇	⌇	⌇
Eggingen Kirche	⌇	⌇	6 45	⌇	6 56	7 09	⌇	⌇	⌇	⌇	⌇	12 35	⌇	⌇	16 35	⌇	⌇	⌇
Eggingen Kindergarten	⌇	⌇	6 47	⌇	6 57	7 10	⌇	⌇	⌇	⌇	⌇	12 36	⌇	⌇	16 36	⌇	⌇	⌇
Eggingen Hallauer Str.	5 59	6 38	6 49	⌇	6 58	7 11	7 55	8 16	8 58	10 38	⌇	12 37	13 38	14 38	16 37	17 38	18 58	19 58
Ofteringen	6 03	6 42	6 54	6 53	7 02	7 15	7 59	8 20	9 02	10 42	⌇	12 41	13 42	14 42	16 41	17 42	19 02	20 02
Degernau Grundschule	⌇	⌇	⌇	⌇	⌇	7 17	8 01	⌇	⌇	⌇	⌇	⌇	⌇	⌇	⌇	⌇	⌇	⌇
Degernau	6 05	6 44	⌇	⌇	7 04	7 18	8 02	8 22	9 04	10 44	12 23	12 44	13 44	14 44	16 43	17 44	19 04	20 04
Wutöschingen ev. Kirche	6 07	6 46	6 56	6 55	7 06	7 21	8 04	8 24	9 06	10 46	12 25	12 46	13 46	14 46	16 45	17 46	19 06	20 06
Wutöschingen Schule	⌇	⌇	⌇	⌇	⌇	⌇	⌇	⌇	⌇	⌇	⌇	⌇	⌇	⌇	⌇	⌇	⌇	⌇
Wutöschingen Mitte	6 09	6 47	6 58	6 57	7 07	7 23	8 06	8 26	9 07	10 47	12 27	12 47	13 47	14 47	16 46	17 47	19 07	20 07
Wutöschingen Brunnenäcker	6 11	6 49	7 00	6 59	7 09	7 25	8 08	8 28	9 09	10 49	12 30	12 49	13 49	14 49	16 48	17 49	19 09	20 09
Schwerzen	6 13	6 51	7 03	7 01	7 11	7 28	8 10	8 31	9 11	10 51	12 33	12 51	13 51	14 51	16 50	17 51	19 11	20 11
Horheim Gewerbepark	6 14	6 52	7 05	7 03	7 12	7 29	8 11	8 32	9 12	10 52	12 35	12 52	13 52	14 52	16 51	17 52	19 12	20 12
Horheim	6 15	6 53	7 07	7 04	7 13	7 30	8 12	8 33	9 13	10 53	12 36	12 53	13 53	14 53	16 52	17 53	19 13	20 13
Lauchringen Adler	⌇	⌇	⌇	⌇	⌇	⌇	⌇	⌇	⌇	⌇	⌇	⌇	⌇	⌇	⌇	⌇	⌇	⌇
Lauchringen Bahnhof ○	6 19	6 57	7 11	⌇	7 17	7 35	8 17	8 37	9 17	10 57	12 40	12 57	13 57	14 57	16 57	17 57	19 17	20 17
Lauchringen 🚆 730 ab	*6 31*	*7 01*								*11 04*			*14 04*	*15 04*	*17 04*	*18 04*		
Basel Bad Bf an	*7 15*	*8 07*								*12 07*			*15 07*	*16 07*	*18 07*	*19 07*		
Lauchringen Bahnhof	6 20	6 58	7 12	⌇	7 18	7 36	8 18	8 38	9 18	10 58	12 42	12 58	13 58	14 58	16 58	17 58	19 18	20 18
Lauchringen Rathaus	6 21	6 59	7 13	⌇	7 19	7 37	8 19	8 39	9 19	10 59	12 43	12 59	13 59	14 59	16 59	17 59	19 19	20 19
Lauchringen Kirche	6 22	7 00	7 15	⌇	7 20	7 38	8 20	8 40	9 20	11 00	12 45	13 00	14 00	15 00	17 00	18 00	19 20	20 20
Lauchringen Deutscher Kaiser	6 23	7 01	7 16	⌇	7 21	7 39	8 21	8 41	9 21	11 01	12 46	13 01	14 01	15 01	17 01	18 01	19 21	20 21
Tiengen Schaffhauser Str.	6 25	7 03	7 18	⌇	7 23	7 41	8 23	8 43	9 23	11 03	12 48	13 03	14 03	15 03	17 03	18 03	19 23	20 23
Tiengen Stadtmitte	6 27	7 05	7 25	7 13	7 25	7 43	8 25	8 45	9 25	11 05	12 50	13 05	14 05	15 05	17 05	18 05	19 25	20 25
Tiengen Schulzentrum	⌇	⌇	7 23	7 14	⌇	⌇	⌇	⌇	⌇	⌇	⌇	⌇	⌇	⌇	⌇	⌇	⌇	⌇
Tiengen Waldshuter Str.	6 29	7 07	7 27		7 27	7 45	8 27	8 47	9 27	11 07	12 52	13 07	14 07	15 07	17 07	18 07	19 27	20 27
Tiengen Industriestr.	6 30	7 08	7 29		7 28	7 46	8 28	8 48	9 28	11 08	12 53	13 08	14 08	15 08	17 08	18 08	19 28	20 28
Waldshut Ettikon Abzw.	6 31	7 10	⌇		7 30	7 48	8 30	8 49	9 30	11 09	12 55	13 10	14 10	15 10	17 10	18 10	19 30	20 30
Waldshut Gewerbepark Ost	⌇	⌇	⌇		⌇	7 49	⌇	8 50	⌇	⌇	12 56	13 11	⌇	15 11	17 11	18 11	⌇	⌇
Waldshut Gewerbepark West	⌇	⌇	⌇		⌇	7 50	⌇	8 51			12 57	13 12	⌇	15 12	17 12	18 12	⌇	⌇
Waldshut Gewerbepark Süd / B34	6 33	7 12	⌇		7 32	⌇	8 32	⌇	9 32	11 11	⌇	⌇	14 12	⌇	⌇	⌇	19 32	20 32
Waldshut Schmittenau	6 35	7 14	7 35		7 34	7 52	8 34	8 53	9 34	11 13	12 59	13 14	14 14	15 14	17 14	18 14	19 34	20 34
Waldshut Busbahnhof	6 38	7 19	7 42		7 39	7 57	8 39	8 58	9 39	11 18	13 03	13 19	14 19	15 19	17 19	18 19	19 39	20 39

S Mo–Fr an Schultagen
F Mo–Fr an schulfreien Tagen
28 Schulzentrum Stühl. wird nur an Schultagen bedient
99 Haltestellen werden in anderer Reihenfolge angefahren

① Untersucht den Busfahrplan. Was bedeuten die Buchstaben S und F sowie die Zahlen 28 und 99? Was bedeuten die Wellenlinien zwischen den Abfahrtszeiten?

② Elena wohnt in Stühlingen bei der Kirche. Ihre Schule ist im Schulzentrum Tiengen. Dort beginnt der Unterricht um 7.40 Uhr. Von Tiengen Stadtmitte bis zum Schulzentrum sind es 5 Minuten zu Fuß.
  a) Um wie viel Uhr kann Elena losfahren?
  b) Wie lange ist der Bus jeweils unterwegs?

③ Herr Lange wohnt in Ofteringen und arbeitet in Waldshut Schmittenau. Seine Frühschicht beginnt um 7 Uhr, seine Spätschicht um 15 Uhr.
  a) Um wie viel Uhr fahren seine Busse in Ofteringen los?
  b) Wie lange sind die Fahrzeiten der Busse?

④ Welches ist die schnellste Verbindung zwischen Stühlingen Rathaus und Waldshut Busbahnhof?

⑤ a) Eine einfache Fahrt von Grimmelshofen nach Lauchringen kostet 3,20 €. Frau Erdogan fährt diese Strecke zweimal pro Woche hin und wieder zurück. Sie rechnet aus, ob sich eine Monatskarte für 47,50 € lohnt.
  b) Sarah (10 Jahre) fährt dieselbe Strecke zweimal die Woche zum Gitarrenunterricht. Die Einzelfahrt kostet für Kinder 1,75 €, eine Schülermonatskarte kostet 35,30 €.

⑥ Finde weitere Aufgaben zu diesem Busfahrplan, oder zu einem Fahrplan aus deiner Region.

⑦ 62 715 + 85 093 + 40 986
309 567 + 5 624 + 27 105
19 072 + 7 849 + 987 654

⑧ 830 241 – 561 743
925 684 – 259 876
601 425 – 481 659

⑨ 38 492 · 57
60 715 · 48
42 630 · 81

⑩ 725 636 : 7
102 879 : 4
541 903 : 5

Rechne geschickt.

① 17 + 26 + 13 =
54 + 18 + 16 =
31 + 47 + 29 =
48 + 15 + 32 + 65 =
23 + 79 + 77 + 21 =

② 92 – 28 – 32 =
85 – 36 – 45 =
78 – 19 – 58 =
67 – 25 – 17 =
104 – 59 – 34 =

③ 84 : 7 =
72 : 6 =
95 : 5 =
68 : 4 =
51 : 3 =

④ 3 · 12 + 2 · 12 =
5 · 15 + 3 · 15 =
4 · 17 + 6 · 17 =
6 · 13 + 5 · 13 =
2 · 18 + 8 · 18 =

⑤ 56 000 + 34 000 =
43 000 + 27 000 =
25 500 + 64 500 =
18 200 + 71 800 =
80 090 + 12 010 =

⑥ 92 000 – 52 000 =
87 000 – 45 000 =
79 500 – 28 500 =
65 400 – 34 300 =
50 800 – 16 600 =

⑦ 400 · 30 =
800 · 60 =
250 · 40 =
120 · 50 =
345 · 20 =

⑧ 54 000 : 6 =
49 000 : 7 =
36 360 : 9 =
24 240 : 8 =
15 015 : 5 =

Verwende beim Lösen die Rechentricks von Seite 59.

⑨ 5 496 + 3 504 =
2 797 + 7 203 =
6 895 + 1 405 =
3 693 + 4 507 =
8 199 + 9 801 =

⑩ 7 654 – 5 996 =
4 817 – 2 999 =
8 193 – 6 998 =
5 325 – 3 995 =
9 982 – 7 997 =

⑪ 5 · 7 998 =
8 · 3 999 =
4 · 6 997 =
6 · 8 995 =
3 · 4 996 =

⑫ 6 320 : 4 =
5 430 : 3 =
7 240 : 8 =
4 590 : 9 =
3 618 : 6 =

Rechne schriftlich.

⑬ 37 846 + 85 029 + 453 177
123 456 + 7 890 + 98 765
905 + 2 468 + 135 791
69 357 + 8 401 + 919 615

⑭ 654 321 – 456 789
804 408 – 595 959
776 655 – 445 566
900 003 – 609 194

⑮ 368 · 472
657 · 809
2 519 · 735
9 034 · 186

⑯ 456 789 : 3
584 032 : 8
637 395 : 7
720 460 : 9

Finde die Fehler.

⑰
```
  461 258
   79 846
+ 253 907
  1 1 2 1 1
  785 011
```

⑱
```
  I  I  II
  800 214
– 539 637
  270 477
```

⑲
```
3 147 · 286
  6 284
   25 176
    18 842
   2 1  1
  672 418
```

⑳
```
264 072 : 6 = 4 412
24
 24
 24
  07
   6
   12
   12
    0
```

Löse mit einem Pfeilbild.

㉑ Ich denke mir eine Zahl x, addiere 47 200, dividiere durch 80, multipliziere mit 900, subtrahiere 240 000 und erhalte 300 000.

㉒ Ich denke mir eine Zahl y, dividiere sie durch das Produkt aus 300 und 400, addiere die Summe aus 9 990 und 7, subtrahiere die Differenz aus 12 000 und 3 000, multipliziere dann mit den Quotienten aus 2 400 und 40 und erhalte 60 000.

① Vergleicht die Gewinnchancen der beiden Glücksräder. Verwendet dabei einige dieser Wörter: gerecht, ungerecht, wahrscheinlich, unwahrscheinlich, sicher, möglich, unmöglich.

② Janina setzt bei Glücksrad 1 neunmal auf dieselbe Zahl.

a) Wie viel Euro muss sie bezahlen?
b) Wie viel Euro kann sie höchstens gewinnen?
c) Wie viel Euro gewinnt sie, wenn der Pfeil auf jede Zahl gleich oft zeigt?
d) Wie oft muss Janina gewinnen, damit sie keinen Verlust hat?

③ Lisa spielt an Glücksrad 2 viermal und setzt immer auf dieselbe Zahl. Sie gewinnt zweimal. Auf welche Zahl hat Lisa wohl gesetzt? Wären auch andere Möglichkeiten denkbar?

④ Leon hat aus Pappe ein achteckiges Glücksrad gebaut. Es hat die Zahl 1 bis 8 und die Farben rot, gelb, blau und grün. Es gewinnt die Zahl bzw. die Farbe, auf der das Glücksrad stehen bleibt. Baut selbst so ein Glücksrad (Kopiervorlage).

Partnerarbeit

⑤ Beurteilt die Gewinnchancen bei diesen Gewinnregeln. Verwendet die Begriffe von Aufgabe 1.

a) gerade Zahl gewinnt
b) die Zahlen 1 bis 5 gewinnen
c) grün gewinnt
d) gelb gewinnt

⑥ Dreht euer Glücksrad zwanzigmal und notiert eure Ergebnisse. Vergleicht eure Vermutung von Aufgabe 5 mit euren Ergebnissen.

⑦ Denkt euch eigene Gewinnregeln aus und spielt mit dem Glücksrad.

⑧ Eine Münze soll genau zwölfmal geworfen werden. Jeder schätzt, wie oft „Zahl" kommt. Werft die Münze zwölfmal und haltet das Ergebnis mit einer Strichliste fest. Wer seiner Schätzung am nächsten ist, gewinnt.

⑨ Nun soll ein Würfel zwölfmal geworfen werden. Jeder schätzt, wie oft die „Eins" kommt. Würfelt und schreibt das Ergebnis auf. Warum ist es jetzt schwieriger zu gewinnen?

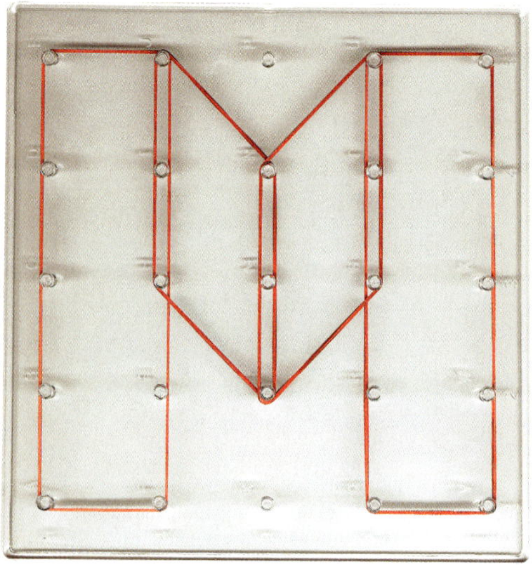

① Aus welchen Grundformen wurde der Buchstabe M gespannt?

② Spanne den Buchstaben nach und zeichne ihn auf ein Punktefeld.

③ Male gleiche Formen mit der gleichen Farbe an.

④ Finde weitere Buchstaben, die du mit geometrischen Grundformen spannen kannst. Verfahre dann wie bei Aufgabe 2 und 3.

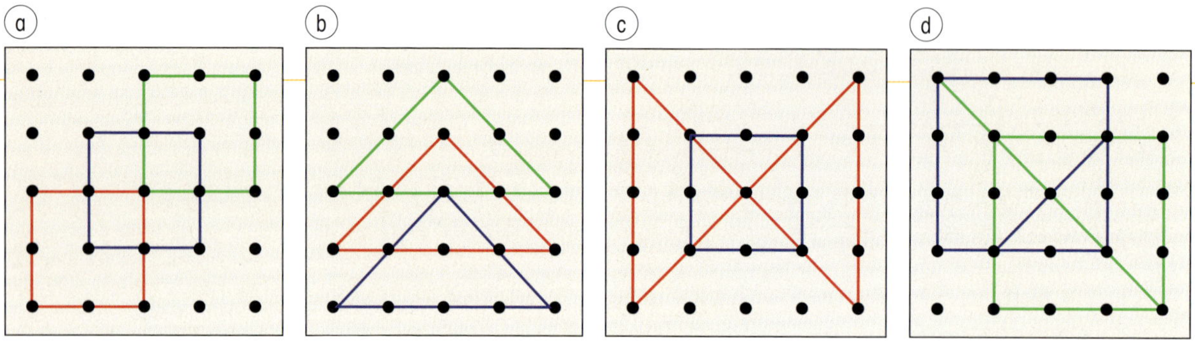

⑤ Welche Formen kannst du in diesen Figuren entdecken?

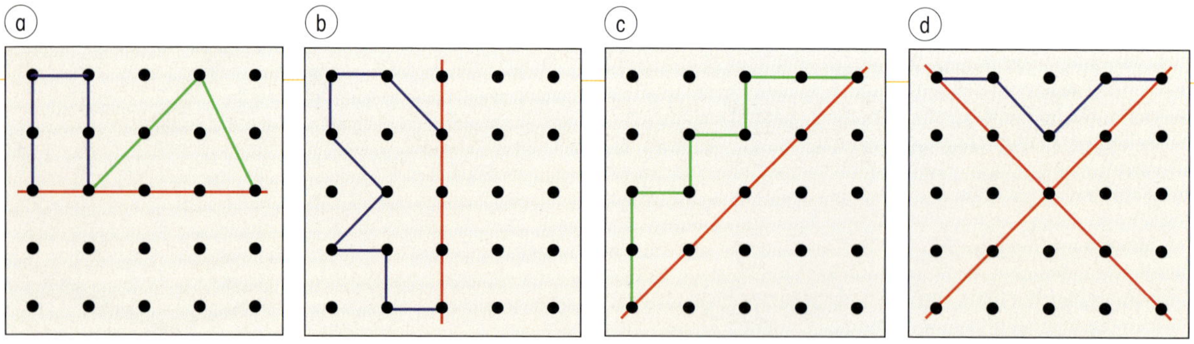

⑥ Spanne die Figuren auf dem Geobrett. Spiegle sie an der roten Symmetrieachse.

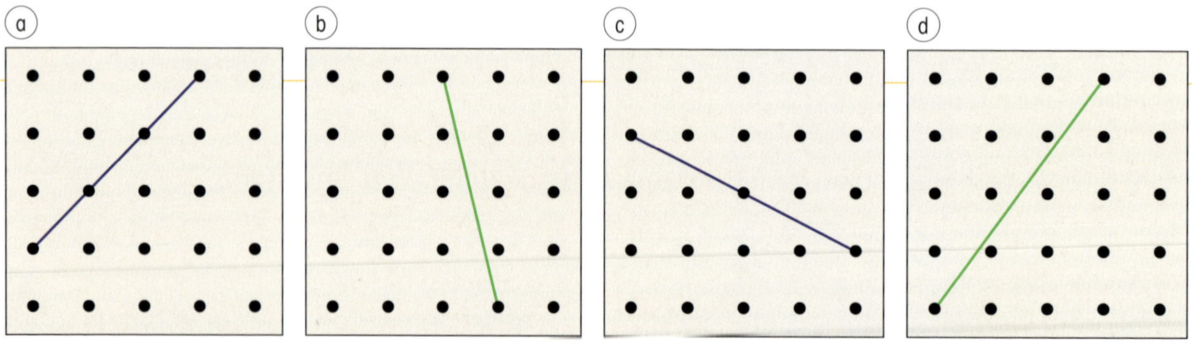

⑦ Auf dem Geobrett ist jeweils eine Gerade vorgegeben.
Spanne sie und spanne dann: a) möglichst viele parallele Geraden dazu,
b) möglichst viele senkrechte Geraden dazu.

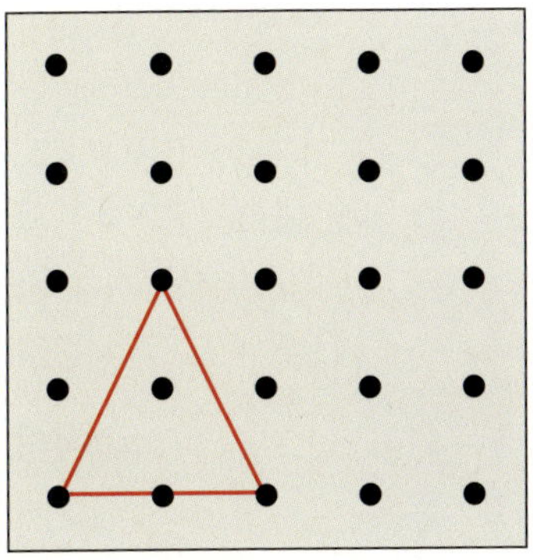

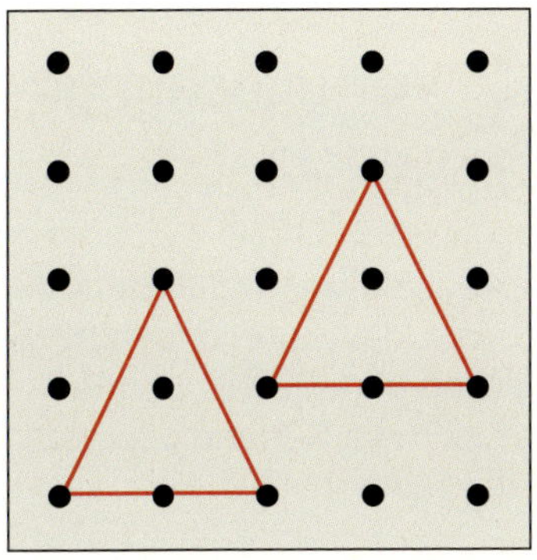

① Erkläre die Verschiebungsvorschrift.

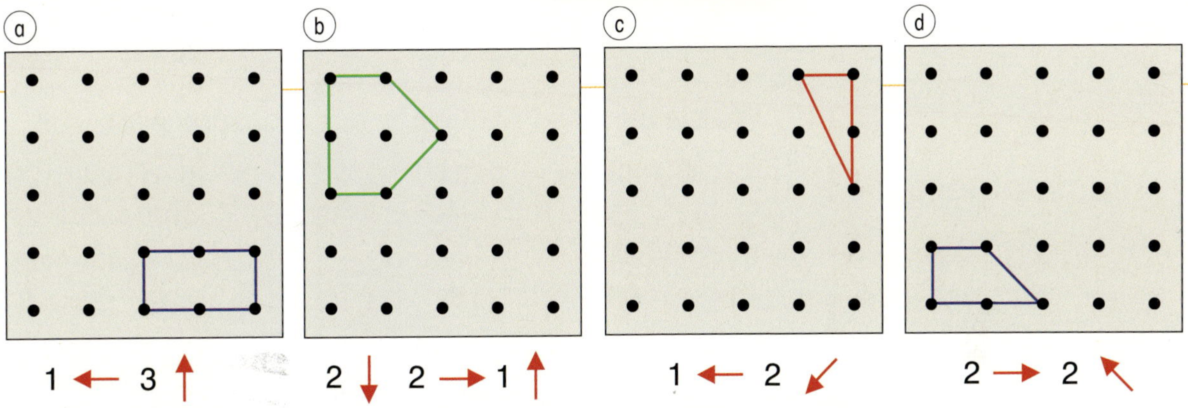

② Verschiebe die Formen nach der Vorschrift zuerst auf dem Geobrett, danach auf einem Punktefeld.

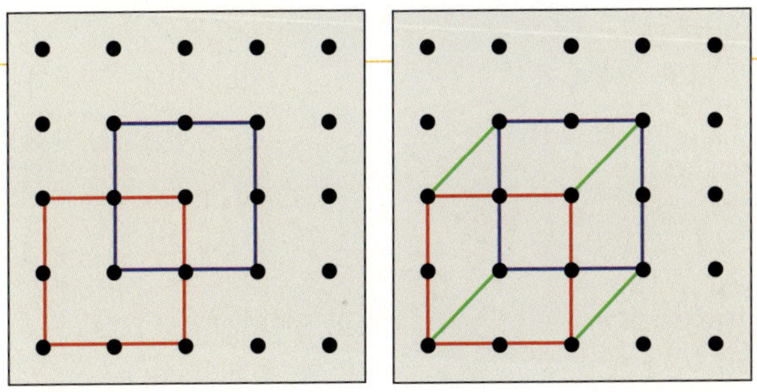

③ a) Verschiebe ein Quadrat nach der Vorschrift: 1 ↗

b) Verbinde die Ecken des 1. Quadrats mit den Ecken des 2. Quadrats. Was kannst du erkennen?

④ Gestalte auf diese Weise Bilder von verschiedenen Würfeln und Quadern auf dem Geobrett und auf Punktebildern. Gib jeweils die Verschiebungsvorschrift an.

⑤ Mit diesem „Trick" kannst du Würfel und Quader auf Karopapier zeichnen.
So gehst du vor:

a) Zeichne ein Quadrat (Rechteck).
b) Verschiebe das Quadrat (Rechteck).
c) Verbinde die Ecken.
d) Male nur die Flächen an, die man sehen kann.

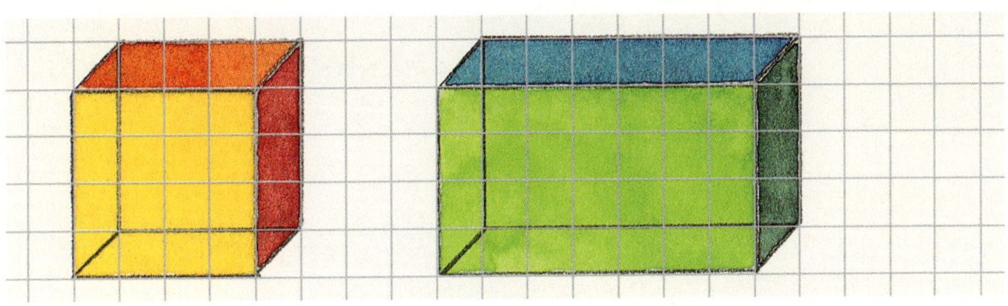

§ Vertauschungsgesetz

Bei Addition und Multiplikation darf man die Summanden bzw. Faktoren vertauschen, ohne dass sich die Summe oder das Produkt ändert.

8 · 7 = 7 · 8
34 + 29 = 29 + 34

Entscheide bei jeder Rechnung, ob die Tauschaufgabe einfacher zu lösen ist.

① 28 + 350 =
425 + 29 =
75 + 170 =
690 + 55 =

② 342 + 510 =
180 + 219 =
437 + 360 =
660 + 274 =

③ 47 + 38 + 153 =
234 + 89 + 66 =
72 + 435 + 28 =
195 + 517 + 205 =

④ 17 · 4 =
14 · 6 =
19 · 3 =
18 · 8 =

⑤ 5 · 35 =
8 · 22 =
6 · 38 =
3 · 99 =

⑥ 3 · 5 · 2 =
7 · 2 · 8 =
6 · 5 · 4 =
2 · 6 · 9 =

§ Klammergesetz I

Was in der Klammer steht, muss zuerst gerechnet werden.

5 · (56 – 17) =
5 · 39 =

Wende bei diesen Aufgaben das Klammergesetz I an.

⑦ 4 · (23 + 42) =
5 · (57 + 35) =
8 · (91 – 84) =
7 · (72 – 68) =

⑧ (231 + 56) : 7 =
(96 : 8) + 88 =
(145 + 35) : 9 =
(112 – 98) · 3 =

⑨ 45 – (145 – 129) =
100 – (47 + 32) =
87 – (240 – 193) =
129 – (83 + 46) =

Rechne jeweils beide Aufgaben. Was stellst du fest?

⑩ 113 – (98 – 12) =
(113 – 98) – 12 =

⑪ 4 · (12 + 36) =
(4 · 12) + 36 =

⑫ 15 + (45 : 3) =
(15 + 45) : 3 =

§ Punkt-vor-Strich-Gesetz

Die Punktrechnung (· und :) muss vor der Strichrechnung (+ und –) gerechnet werden.

76 – 5 · 7 =
76 – 35 =

Wende das Punkt-vor-Strich-Gesetz an.

⑬ 82 – 3 · 6 =
96 – 9 · 5 =
77 – 7 · 3 =
69 – 8 · 8 =

⑭ 39 + 12 : 3 =
86 + 36 : 6 =
24 + 5 · 17 =
18 + 8 · 13 =

⑮ 34 – 63 : 7 + 16 =
75 – 72 : 9 – 27 =
51 + 24 : 6 – 25 =
39 + 42 : 7 + 55 =

Rechne jeweils beide Aufgaben. Was stellst du fest?

⑯ 54 – 15 · 3 =
(54 – 15) · 3 =

⑰ 63 + 35 : 7 =
(63 + 35) : 7 =

⑱ 88 – 40 : 8 =
(88 – 40) : 8 =

Überlege, welche Gesetze du beim Lösen der Aufgaben anwenden musst.

S.100
⑲ a)
3 + 5 · 2 – 18 : 6 + 22 : 11 =
3 + 10 – 3 + 2 =

⑲ a) 3 + 5 · 2 – 18 : 6 + 22 : 11 =
b) 6 · 5 + (24 – 17) – 21 + 14 =
c) 9 · (45 : 5) + 36 : 4 – 39 : 3 =
d) 64 – 3 · 8 + 15 – (5 + 9) + 6 · 8 =
e) 35 : (74 – 67) + (42 – 15) – 3 · 4 =
f) (24 + 32) : 8 – 54 : 9 + 72 : 8 =

§ Klammergesetz II

Bei Addition und Multiplikation kann man beliebig Klammern setzen.

(31 + 27) + 42 =
31 + (27 + 42) =

3 · (4 · 5) =
(3 · 4) · 5 =

Überprüfe das Klammergesetz II an diesen Beispielen.

(1) (34 + 28) + 17 =
34 + (28 + 17) =

(2) 25 + (9 + 41) =
(25 + 9) + 41 =

(3) (16 + 38) + 14 =
16 + (38 + 14) =

(4) (3 · 9) · 2 =
3 · (9 · 2) =

(5) 5 · (6 · 8) =
(5 · 6) · 8 =

(6) (4 · 9) · 6 =
4 · (9 · 6) =

(7) 2 · (8 · 6) =
(2 · 8) · 6 =

§ Verteilungsgesetz

Bei bestimmten Rechnungen kann man das Verteilungsgesetz anwenden.

3 · (5 + 8) =
3 · 5 + 3 · 8 =

(27 – 9) : 3 =
27 : 3 – 9 : 3 =

(7 – 3) · 15 =
7 · 15 – 3 · 15 =

(35 + 40) : 5 =
35 : 5 + 40 : 5 =

Löse jeweils beide Aufgaben. Was stellst du fest?

(8) 6 · (8 + 4) =
6 · 8 + 6 · 4 =

(9) 5 · (12 – 7) =
5 · 12 – 5 · 7 =

(10) 3 · (40 – 15) =
3 · 40 – 3 · 15 =

(11) (28 – 14) : 7 =
28 : 7 – 14 : 7 =

(12) (42 + 12) : 6 =
42 : 6 + 12 : 6 =

(13) (56 – 48) : 4 =
56 : 4 – 48 : 4 =

Wende zuerst das Verteilungsgesetz an, rechne dann.

(14) 8 · (6 + 15) =
(15) 6 · (9 – 3) =
(16) 3 · (16 + 13) =

(17) (64 – 24) : 8 =
(18) (45 – 18) : 9 =
(19) (25 + 30) : 5 =

(20) (14 + 11) · 7 =
(21) (17 + 12) · 4 =
(22) (24 + 16) · 5 =

S.101
(23) 7 · 27 =
7 · 20 + 7 · 7 =
140 + 49 =

Wende das Verteilungsgesetz auch hier an.

(23) 7 · 27 =
(24) 4 · 18 =

(25) 6 · 39 =
(26) 8 · 72 =

(27) 96 : 6 =
(28) 91 : 7 =

(29) 144 : 9 =
(30) 136 : 8 =

Setze die Klammern so in die Rechnungen, dass das Ergebnis richtig ist.

(31) 3 · 8 + 7 = 45
35 – 27 : 4 = 2
50 – 21 – 9 = 38

(32) 540 : 10 – 4 · 2 = 180
280 + 7 : 12 – 5 = 41
360 – 110 – 50 – 40 = 260

(33) 220 – 15 : 3 + 2 = 217
380 : 3 + 16 – 19 = 1
680 – 40 : 320 : 4 = 8

(34)

(35)

Schreibe jeweils auf drei Arten.

① 6 734 g	② 903 cm	③ 14 312 ml	④ 49 500 m	⑤ 35 856 kg	⑥ 11 676 ct
41 kg 500 g	2 m 61 cm	3 l 25 ml	8 km 5 m	7 t 50 kg	9 € 5 ct
10,085 kg	55,90 m	12,300 l	606,999 km	84,001 t	287,60 €

⑦ a) Addiere 36 981 und 954 027.
b) Subtrahiere 58 496 von 200 138.
c) Multipliziere 1 924 mit 705.
d) Dividiere 135 432 durch 8.

⑧ a) Bilde die Summe aus 2 095, 74 389 und 612.
b) Bilde die Differenz aus 960 421 und 532 014.
c) Bilde das Produkt aus 680 und 374.
d) Bilde den Quotienten aus 301 831 und 15.

⑨ Zeichne die Netze vergrößert ab und vervollständige sie. Welche Körper kannst du mit den Netzen bauen?

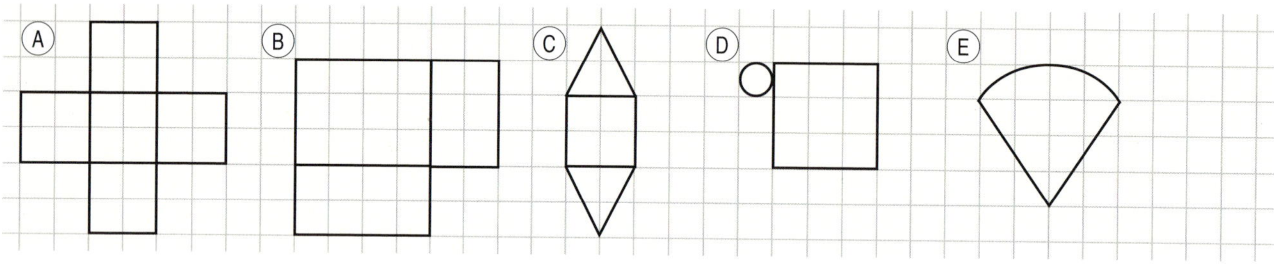

⑩ Marco hat zwei Leisten von jeweils 1,25 m Länge. Für den Werkunterricht soll er 12 cm lange Stücke sägen.
a) Wie viele Stücke erhält Marco?
b) Wie viel cm Leiste blieben übrig?
c) Wie oft musste Marco sägen?

⑫ In dem Säulendiagramm ist dargestellt, wie viel km die Tiere wandern. (1mm Säulenhöhe entspricht 100 km). Miss und schreibe auf, wie weit die Tiere wandern.

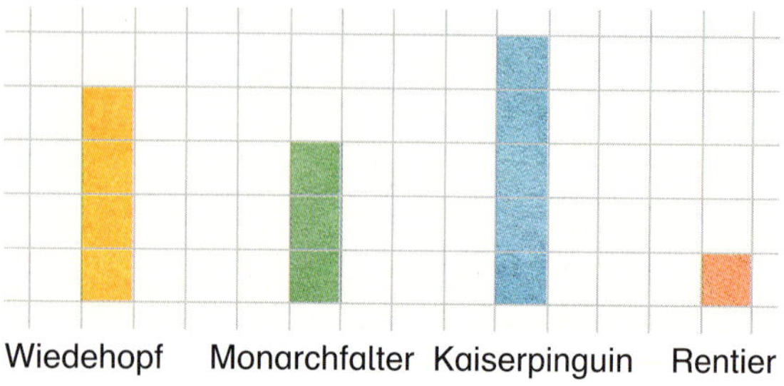

⑪ Lea spart für ein Fahrrad. „156 € habe ich schon gespart, das ist ein Viertel des Kaufpreises." Ihr Großvater sagt: „Wenn du weiter so fleißig sparst, erhältst du von mir ein Drittel des Kaufpreises."
a) Wie viel Euro kostet das Fahrrad?
b) Wie viel Euro erhält Lea von ihrem Großvater?

⑬ Die Küstenseeschwalbe wandert 20 000 km. Der Blauwal wandert nur halb so weit und der Lachs nur ein Viertel so weit wie die Küstenseeschwalbe. Der Flussaal wandert 7 000 km weit. Stelle die Länge der Wanderwege in einem Säulendiagramm dar (1 000 km entsprechen 5 mm).

⑭ Zeichne die Figur ab und spiegle sie an den Symmetrieachsen.

⑮ Zeichne die Figur doppelt so groß in dein Heft.
a) Kennzeichne die rechten Winkel und färbe die parallelen Strecken in der gleichen Farbe.
b) Wie viele Dreiecke und Vierecke findest du?

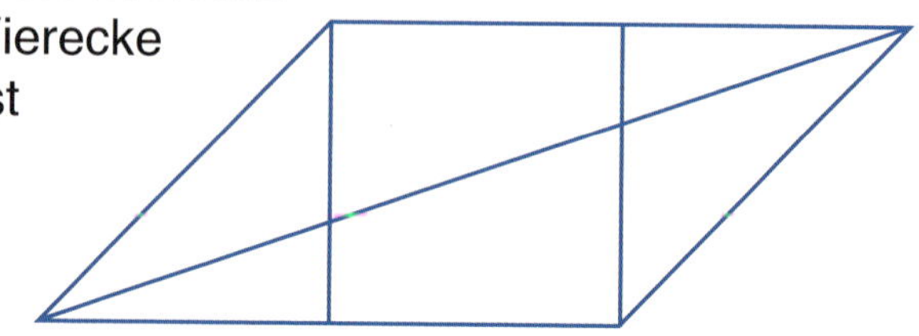

Finde die fehlenden Ziffern und kontrolliere.

(16)
```
  4 6 2 🐾
+ 1 🐾 5 7
----------
  🐾 4 🐾 8
```

(17)
```
  2 4 🐾 3 6
+ 🐾 8 7 9 🐾
------------
  6 🐾 9 3 1
```

(18)
```
  9 🐾 8 🐾
− 6 2 🐾 2
----------
  🐾 4 4 0
```

(19)
```
  7 🐾 3 0 🐾
− 2 8 🐾 9 6
------------
  🐾 7 1 0 8
```

(20)
```
🐾 2 0 🐾 · 6
-------------
 4 9 🐾 2 4
```

(21)
```
🐾 7 1 4 · 5 8
--------------
  1 8 5 🐾 0
    2 9 7 1 2
--------------
  🐾 1 🐾 4 1 2
```

(22)
```
5 🐾 1 2 : 🐾 = 6 🐾 9
4 8
  3 1
  2 🐾
    7 2
    7 2
      0
```

(23)
```
🐾 0 8 0 : 15 = 🐾 7 2
6 0
1 0 8
1 0 5
  🐾 0
    3 0
      0
```

Finde die Regel und setze die Zahlenfolgen um mindestens 5 Zahlen fort.

(24) 43 100, 45 600, 48 100, 50 600, …

(25) 197 358, 182 358, 167 358, 152 358, …

(26) 61 090, 65 090, 64 890, 68 890, 68 690, …

(27) 52 904, 22 904, 62 904, 32 904, 72 904, …

(28) Aus wie vielen Würfeln besteht der Körper?

(29) Zeichne einen Bauplan des Körpers.

(30) Von welcher Seite zeigt die Ansicht den Körper? Zeichne die restlichen drei Ansichten des Körpers.

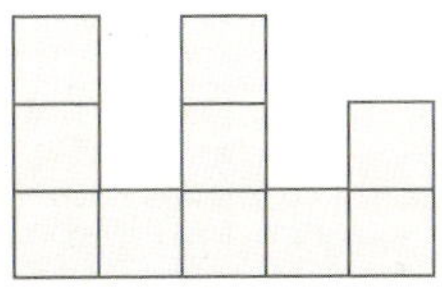

(31) Pünktlich um 8.15 Uhr startete die Klasse 4 zur Wanderung. Nach 8 h und 20 min war die Klasse wieder an der Schule. Ein Viertel der Zeit machten die Kinder unterwegs Pausen. Ein Drittel der restlichen Zeit spielten die Kinder am Bach.

a) Um wie viel Uhr war die Klasse wieder zurück?

b) Wie lang war die reine Gehzeit?

(33) Herr Leicht transportiert 13 gleich schwere Kisten mit einer Masse von insgesamt 26 975 kg. Sein Lastwagen hat eine Leermasse von 9 340 kg. Herr Leicht darf beim Transport die Gesamtmasse des Lastwagens von 16 t nicht überschreiten.

a) Wie oft muss Herr Leicht fahren?

b) Um wie viel Kilogramm unterschreitet Herr Leicht bei jeder Fahrt die Gesamtmasse des Lkw?

(32) Frau Mayer zäunt die Pferdekoppel mit Draht ein. Sie spannt den Draht vierfach. Die Weide ist 57 m lang und 38 m breit. Am 4 m breiten Eingang spannt sie keinen Draht.

a) Wie viel Quadratmeter groß ist die Pferdekoppel?

b) Wie viel Meter Draht benötigt Frau Mayer?

(34) Während deiner Grundschulzeit hattest du etwa 3 900 Schulstunden von jeweils 45 min Dauer.

a) Wie viel Minuten hattest du insgesamt Unterricht?

b) Wie viel ganze Stunden waren das?

c) Wie viel Schultage waren das, wenn du im Durchschnitt täglich 4 Stunden in der Schule warst?

d) Rechne aus, wie viel Kilometer du während deiner Grundschulzeit in die Schule gelaufen oder gefahren bist.

① Bauer Fuchs hat vier Gewichtssteine für seine Waage: einen 1-kg-Stein, einen 3-kg-Stein, einen 9-kg-Stein und einen 27-kg-Stein. Bauer Fuchs behauptet: „Mit diesen vier Gewichtssteinen kann ich alle Kilogrammgewichte von 1 kg bis 40 kg wiegen.“ Wie geht das?

② Die Lehrerin stellt den Kindern eine Aufgabe. Alisa erhält als Lösung 9, Max erhält 11, Fabian erhält 0 und Sandra errechnet 20.
Wer hat die richtige Lösung? Wie haben die anderen Kinder gerechnet?

③ Auf dieser alten Steinplatte sind Zahlen nach einer ganz bestimmten Regel eingemeißelt. Im Laufe der Jahre sind einige Zahlen unleserlich geworden.
Finde heraus, welche Zahlen an Stelle der Buchstaben stehen müssten.

④ Auf einem Zeitungsbild stehen vier Fußballer nebeneinander. Finde heraus, welche Spielposition, welche Trikotfarbe und welche Nationalität die Spieler haben.

- Ein Torwart steht neben einem Fußballer im hellblauen Trikot.
- Der Mittelfeldspieler kommt aus Brasilien.
- Der dritte Spieler ist Verteidiger.
- Der deutsche Stürmer trägt ein weißes Trikot.
- Der Brasilianer trägt rot.
- Der Italiener steht neben dem Deutschen und dem Spieler in hellblau.
- Der Stürmer steht ganz links auf dem Bild.
- Der Spieler neben dem Fußballer im grünen Trikot kommt aus Argentinien.

⑤ In einer Wüste leben vier Stämme. Jeder Stamm hat einen Streifen des Gebiets. Da es nur eine Wasserstelle gibt, müssen die Stämme A und D die Gebiete der anderen überqueren. Wie kann man die Gebiete neu einteilen, damit jeder Stamm zur Wasserstelle kann, ohne fremdes Gebiet zu betreten?

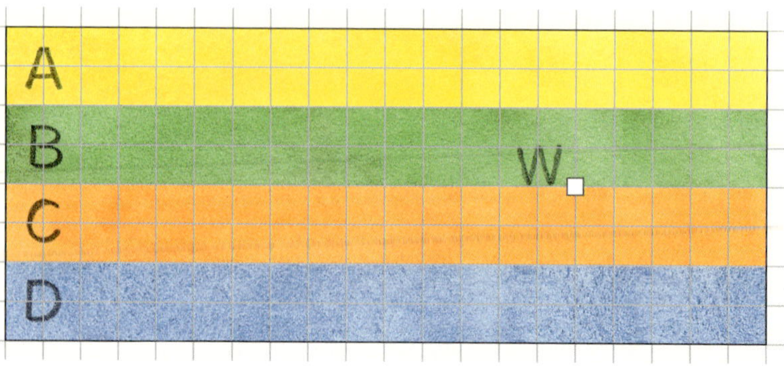

① Auf dieser Seite findet ihr Ideen, ein Mathespiel selbst zu erfinden.
So könnt ihr vorgehen:

- Thema und Inhalt des Spiels überlegen (Zahldarstellung, Einmaleins, Flächen usw.),
- eine Spielart überlegen (Kartenspiel, Würfelspiel, Legespiel, Fragespiel usw.),
- die Spielregel überlegen und aufschreiben,
- benötigte Materialien sammeln (Karton, Würfel ...),
- das Spiel basteln oder zeichnen,
- das Spiel ausprobieren und eventuell ändern,
- das Spiel der Klasse präsentieren.

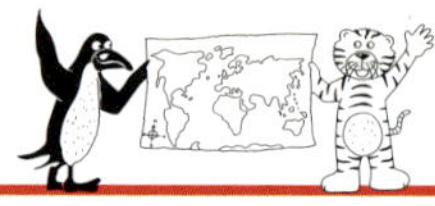

Der Blauwal wandert mit einer Geschwindigkeit von bis zu 20 km/h. Der Pottwal schafft bis zu 30 km/h.

Blauwale können etwa 20 Minuten lang die Luft anhalten und bis zu 200 m tief tauchen. Pottwale schaffen sogar 70 Minuten und über 800 m Tiefe.

Im Sommer ist der Blauwal besonders hungrig. Beim Fressen nimmt er einen bis zu 1000 Liter großen „Schluck“ planktonreiches Meerwasser in seinen Rachen auf. Dann schließt er das Maul und presst das überflüssige Wasser durch den „Bartenvorhang“ wieder heraus. Auf diese Art nimmt er pro Tag rund 4 t Plankton und Kleinkrebse zu sich.

Gruppenarbeit

1. Auf dieser Weltkarte sind einige wandernde Tierarten mit ihren Wegstrecken eingezeichnet.
   a) Ordnet die Tiere nach der Länge ihrer Wanderstrecken.
   b) Überlegt, warum die Tiere so weite Strecken zurücklegen.

2. Wie lange bräuchten der Blauwal und der Pottwal für die 10 000-km-Wanderung, wenn sie immer mit der gleichen Geschwindigkeit schwimmen würden?
   Tipp: Rechnet in Tabellen.

3. a) Rechnet aus, wie viele Kilogramm Nahrung der Blauwal in einer Stunde im Durchschnitt frisst.
   b) Vergleicht die Lösung mit eurem Körpergewicht.
   c) Wie viele Badewannen könnte der Blauwal mit einem „Schluck“ etwa füllen?

4. a) Haltet die Luft so lange wie möglich an und messt die Zeit. Vergleicht euer Ergebnis mit den Zeiten der Wale.
   b) Wie tief könnt ihr tauchen? Vergleicht auch diese Zahl mit den Tauchtiefen der Wale.

Jeder europäische Aal wird in der Sargassosee in der Nähe der Bahamas geboren. Mithilfe des Golfstroms kommt er innerhalb von drei Jahren nach Europa.

Nach der dreijährigen Wanderung ist der junge Aal rund 70 mm lang. Mit etwa 12 Jahren ist der Aal ausgewachsen und rund 21-mal länger. Dann wandert er innerhalb eines Jahres zurück in die Sargassosee zum Laichen.

Der Monarchfalter fliegt bei seiner Reise in den Süden rund 70 km pro Tag.

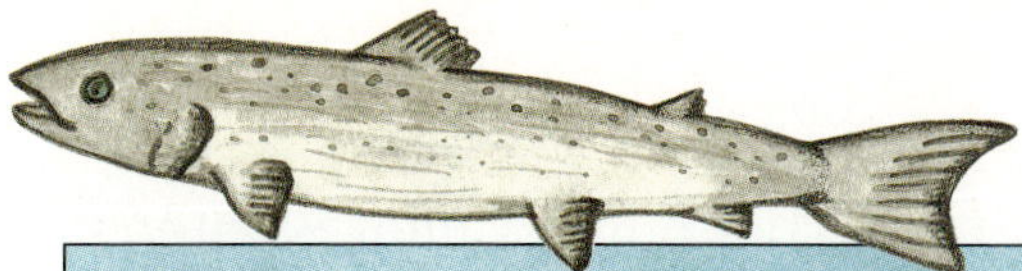

Nachdem sich die Lachse im nördlichen Atlantik „dick gefressen" haben, müssen die etwa 90 cm großen Fische zu ihren Laichplätzen flussaufwärts schwimmen. Dabei überwinden sie verschiedene Hindernisse und springen bis zu 3 m hoch und bis zu 6 m weit.

⑤ a) Wie lange benötigt der Monarchfalter für seine Reise?

b) Bei Rückenwind schafft er sogar 300 km pro Tag. Wie lange bräuchte er bei ständigem Rückenwind?

⑥ Wie viele Kilometer legt der Aal durchschnittlich pro Tag auf seiner Reise nach Europa zurück?

⑦ a) Wie groß ist ein ausgewachsener Aal?

b) Wie viele Kilometer schwimmt der Aal im Durchschnitt täglich auf dem Weg von Europa in die Sargassosee?

⑧ Die Küstenseeschwalbe legt auf ihrer Wanderung die meisten Kilometer zurück. Berechnet die Unterschiede zu den anderen wandernden Tieren.

⑨ Wie hoch und weit springt ihr? Vergleicht eure Werte mit den Werten der Lachse.

⑩ Sucht in Sachbüchern oder im Internet nach weiteren Informationen zur Wanderung von Tieren.
Findet zu diesem Thema weitere Aufgaben.

Carl Friedrich Gauß wurde im Jahre 1777 in Braunschweig geboren. Er war ein genialer Mathematiker, der sich in vielen Gebieten der Mathematik auskannte. Gauß war bekannt dafür, dass er die kompliziertesten Rechnungen im Kopf durchführen konnte. Er glaubte von sich, dass er das Rechnen vor dem Sprechen gelernt habe. Sein Lehrer, Herr Büttner, erkannte schon früh die Begabung von Carl Friedrich. Er stellte der Klasse die Aufgabe, alle Zahlen von 1 bis 100 zu addieren. Schon nach wenigen Minuten hatte der damals achtjährige Carl Friedrich Gauß die Aufgabe gelöst. Der Lehrer beschaffte Mathematikbücher für Carl Friedrich und sorgte dann dafür, dass er das Gymnasium besuchen konnte.

$$1 + 2 + 3 + 4 + 5 + 6 + 7 + 8 + 9 + 10 =$$
$$10 + 9 + 8 + 7 + 6 + 5 + 4 + 3 + 2 + 1 =$$

① Addiere die Zahlen von 1 bis 10.

② Addiere nun immer die beiden übereinanderstehenden Zahlen. Was stellst du fest?

③ Ermittle die Summe aller Spalten mit einer Multiplikation. Vergleiche dein Ergebnis mit der Lösung von Aufgabe 1.

④ Erkläre nun, wie der junge Gauß seine Lösung für die Summe der Zahlen von 1 bis 100 gefunden hat und rechne das Ergebnis geschickt aus.

⑤ Addiere auf dieselbe Weise wie Carl Friedrich Gauß die Zahlen
a) von 1 bis 20, b) von 1 bis 50,
c) von 11 bis 20, d) von 25 bis 75.

Partnerarbeit

⑥ Würfelt mit zwei Sechser-Würfeln 50-mal und addiert die beiden Zahlen nach jedem Wurf. Haltet in einer Strichliste fest, wie oft jedes Ergebnis vorkommt.

⑦ Welche Summen kommen am häufigsten, welche seltener vor? Erklärt, warum das so ist.

⑧ Stellt euer Ergebnis mit einem Säulendiagramm dar. Verbindet die oberen Enden der Säulen.

⑨ Vergleicht euer Säulendiagramm mit der „Glockenkurve" von Gauß. Was stellt ihr fest?

Carl Friedrich Gauß hat die **Glockenkurve** entdeckt. Mit ihr zeigt er z. B., dass beim Würfelexperiment die Summen 6, 7 und 8 viel häufiger vorkommen, als die Summen 2, 3 und 11, 12. Gauß war so berühmt, dass er auf Briefmarken, Münzen und Geldscheinen abgebildet wurde.

(1) Überlegt, wozu wir elektrische Energie brauchen.

(2) Energie kann man auf umweltfreundliche Weise gewinnen. Erklärt die vier Darstellungen der Energiegewinnung auf den Fotos. Auf welche Weise kann noch Energie erzeugt werden?

(3) Solarenergie, Bioenergie, Windenergie und Wasserkraft werden als erneuerbare Energien bezeichnet. Sucht im Internet oder in Sachbüchern nach diesen Energiequellen und gestaltet ein Plakat oder eine Präsentation dazu.

(4) Zur Stromerzeugung werden die erneuerbaren Energien immer wichtiger. Könnt ihr euch vorstellen warum?

(5) Die Grundschule Heiligenberg gewinnt mit einer Photovoltaikanlage auf dem Dach Strom. Für 1 Kilowattstunde (kWh) erzeugten Strom erhält die Schule 48 ct. Im letzten Jahr wurden genau 23 158 kWh erzeugt. Gleichzeitig lag der jährliche Stromverbrauch bei 23 672 kWh. Eine kWh verbrauchter Strom kostete etwa 28 ct. Berechne die Einnahmen durch die Stromerzeugung und die Ausgaben durch den Stromverbrauch.

Haushalts-Größe	**Stromverbrauch (kWh pro Jahr)**		
	sparsam	Durchschnitt	Verschwender
1 Person	750	1 700	3 000
2 Personen	1 450	3 000	5 400
3 Personen	1 800	3 800	7 000
4 Personen	2 150	4 400	8 000
5 Personen	2 450	5 000	9 000

(6) Wie hoch ist der Stromverbrauch deiner Familie im Jahr? Vergleiche mit der Tabelle.

(7) Berechne den Verbrauch und die Kosten für eine Person in eurer Familie.

(8) Entwickelt Ideen, wie ihr Strom sparen könnt.

Schleswig-Holstein
Einwohnerzahl
gesamt: 2 838 000
unter 18 Jahren: 479 000
Fläche: 15 799 km²

Mecklenburg-Vorpommern
Einwohnerzahl
gesamt: 1 635 000
unter 18 Jahren: 220 000
Fläche: 23 180 km²

Hamburg
Einwohnerzahl
gesamt: 1 799 000
unter 18 Jahren: 275 000
Fläche: 755 km²

Bremen
Einwohnerzahl
gesamt: 661 000
unter 18 Jahren: 100 000
Fläche: 404 km²

Brandenburg
Einwohnerzahl
gesamt: 2 496 000
unter 18 Jahren: 344 000
Fläche: 29 479 km²

Niedersachsen
Einwohnerzahl
gesamt: 7 914 000
unter 18 Jahren: 1 357 000
Fläche: 47 624 km²

Berlin
Einwohnerzahl
gesamt: 3 502 000
unter 18 Jahren: 510 000
Fläche: 892 km²

Nordrhein-Westfalen
Einwohnerzahl
gesamt: 17 842 000
unter 18 Jahren: 3 006 000
Fläche: 34 085 km²

Sachsen-Anhalt
Einwohnerzahl
gesamt: 2 313 000
unter 18 Jahren: 296 000
Fläche: 20 446 km²

Hessen
Einwohnerzahl
gesamt: 6 092 000
unter 18 Jahren: 1 009 000
Fläche: 21 115 km²

Sachsen
Einwohnerzahl
gesamt: 4 137 000
unter 18 Jahren: 557 000
Fläche: 18 416 km²

Rheinland-Pfalz
Einwohnerzahl
gesamt: 3 999 000
unter 18 Jahren: 659 000
Fläche: 19 853 km²

Thüringen
Einwohnerzahl
gesamt: 2 221 000
unter 18 Jahren: 293 000
Fläche: 16 172 km²

Saarland
Einwohnerzahl
gesamt: 1 013 000
unter 18 Jahren: 150 000
Fläche: 2 569 km²

Baden-Württemberg
Einwohnerzahl
gesamt: 10 786 000
unter 18 Jahren: 1 852 000
Fläche: 35 752 km²

Bayern
Einwohnerzahl
gesamt: 12 596 000
unter 18 Jahren: 2 114 000
Fläche: 70 552 km²

Die Bundesrepublik Deutschland besteht aus 16 Bundesländern.
Jedes Bundesland hat eine Hauptstadt und ein eigenes Wappen.

(1) Erklärt, warum die Einwohnerzahlen der Bundesländer gerundet sind.

(2) Wähle fünf Bundesländer aus. Schreibe ihre Namen, ihre Hauptstädte, ihre Einwohnerzahl und ihre Fläche in eine Tabelle.

(3) Ordne deine fünf Bundesländer
a) nach der Einwohnerzahl,
b) nach der Einwohnerzahl der unter 18-Jährigen,
c) nach der Größe der Fläche.

(4) Berechne Unterschiede in den Einwohnerzahlen deiner fünf Bundesländer.

(5) Berechne Unterschiede der Einwohnerzahl von Bremen und Nordrhein-Westfalen. Warum wurden diese beiden Bundesländer ausgewählt?

(6) Berechne die Gesamteinwohnerzahl von Deutschland. Wie viele Einwohner sind davon unter 18 Jahren?

(7) Erfinde eigene Aufgaben.

Die drei vierten Klassen der Pestalozzi-Grundschule in Freiburg planen zum Ende ihrer Grundschulzeit jeweils eine Abschlussfahrt.

- Die 22 Kinder der Klasse 4 a wollen im Schwarzwald wandern und in einer Jugendherberge übernachten.
- Die 24 Kinder der Klasse 4 b möchten mit den Fahrrädern am Bodensee entlangfahren und auf einem Jugendzeltplatz übernachten.
- Die Klasse 4 c (20 Kinder) will eine Busfahrt an die Donau machen und dort verschiedene Kanutouren unternehmen. Übernachten wollen sie in einer Jugendherberge.

Bei der Vorbereitung haben die Kinder folgende Angebote und Preise herausgefunden:

Jugendzeltplatz am Bodensee

Preis je Person und Nacht 4 €

(Es wird keine Verpflegung angeboten.)

Kanuverleih an der Donau

Preis pro Schüler für eine Tagestour 12 €

Rücktransport 3 € bis 5 €

Jugendherberge im Schwarzwald

Preise je Nacht

Übernachtung/ Frühstück:	20,80 €
Halbpension	26,30 €
Vollpension	30,50 €

Zugfahrt (Gruppe)

Freiburg – Titisee
(22 Kinder, 2 Erw.) hin und zurück 110 €

Freiburg – Konstanz
(24 Kinder, 2 Erw., 26 Fahrräder) hin und zurück 684 €

Busreisen Dietsche

Busfahrt Freiburg – Sigmaringen

Hinfahrt	490 €
Rückfahrt	490 €

(1) Berechnet die Kosten für jede Klasse und jedes Kind, wenn jeweils zwei Übernachtungen geplant sind. Die Preise in der Jugendherberge an der Donau sind jeweils 1,50 € höher als im Schwarzwald.

Gruppenarbeit

(2) Plant für eure Klasse eine Abschlussfahrt. Überlegt, was ihr unternehmen möchtet und wie lange ihr unterwegs sein wollt. Berechnet die Gesamtkosten je Kind für Fahrt, Übernachtung, Verpflegung sowie Eintrittspreise, Mietpreise usw.

(3) Nicht alle Eltern können so viel Geld für einen Ausflug bezahlen.
Sucht nach Möglichkeiten, wie ihr Geld für eure Abschlussfahrt sammeln könnt.

① Botschaften begegnen uns nicht nur als Schrift oder Sprache. Oft werden Symbole verwendet, um uns etwas mitzuteilen. Erkläre, was die Symbole bedeuten.

② Suche in der Schule und ihrer Umgebung nach weiteren Symbolen und kläre ihre Bedeutung. Lege ein Plakat mit den Symbolen an.

Mit Symbolen kann man auch Botschaften als Geheimschriften verfassen.

③ Entziffere die Botschaft mithilfe der Tabelle. Achte auf die Punkte und die Striche.

④ Schreibe selbst eine Botschaft mit den Symbolen. Dein Partner versucht sie zu entziffern.

⑤ Um geheime Symbole für Buchstaben zu haben, kannst du die Buchstaben in der Tabelle anders anordnen.

a) Fertige dir eine eigene Symbol-Tabelle an.

b) Schreibe eine Botschaft damit. Gib jemandem deine Tabelle und lass ihn die Botschaft entziffern.

⑥ Kannst du diese Geheimschrift entziffern? Erkläre, wie sie aufgebaut ist.

Tipp: Pause die Formen ab, färbe sie mit Schwarz und ziehe über und unter der Geheimschrift eine Linie.

① Beim internationalen Flaggen-Alphabet gibt es für jeden Buchstaben eine andere Flagge. Wie heißt die Botschaft des Tigers?

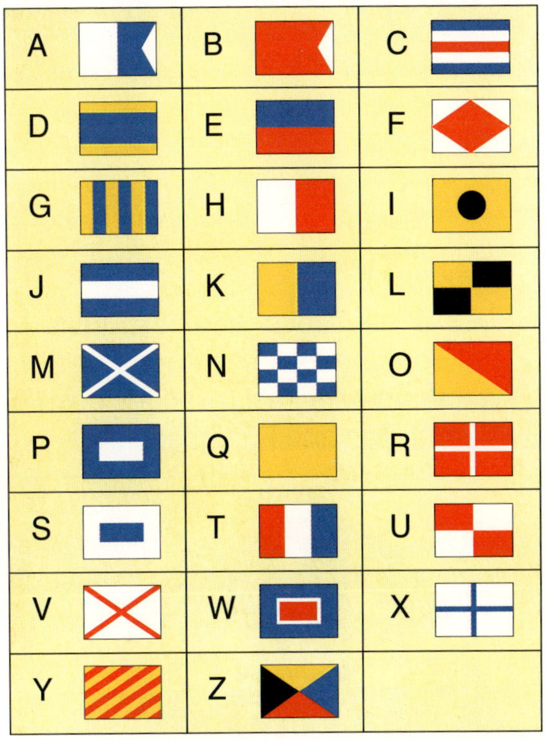

② Überlege, wo das Flaggen-Alphabet gebraucht wurde. Warum hat es heute keine große Bedeutung mehr?

③ Zeichne deinen Namen mit den Symbolen des Flaggen-Alphabets in dein Heft.

Gruppenarbeit

④ Überlegt euch eine Botschaft, die ihr mit den Flaggen übermitteln wollt.

⑤ Fertigt die benötigten Flaggen in DIN-A4-Größe an.

⑥ Eure Gruppe steht am Ende des Schulhofs, eine andere Gruppe steht am anderen Ende. Zeigt euch mit den Flaggen eure Botschaften.

Im Jahre 1837 erfand Samuel Morse den Telegrafen, ein Apparat, mit dem man Signale über Kabel verschicken konnte. Die Signale bestehen nur aus einem Punkt und einem Strich (oder einem kurzen Ton und einem langen Ton). Um damit eine Nachricht zu verschicken, erfand Samuel Morse eine Symbolschrift, das Morse-Alphabet.

⑦ Spielt die Buchstaben des Morse-Alphabets mit einer Flöte.

A	·–	G	––·	M	––	S	···		
B	–···	H	····	N	–·	T	–		
C	–·–·	I	··	O	–––	U	··–		
D	–··	J	·–––	P	·––·	V	···–		
E	·	K	–·–	Q	––·–	W	·––	Y	–·––
F	··–·	L	·–··	R	·–·	X	–··–	Z	––··

⑧ Ein Kind spielt ein Wort mit der Flöte, alle versuchen das Wort zu verstehen. Wer es als Erster schafft, ist Sieger. Dieser darf das nächste Wort flöten.

① Das ist der Kreuzgang des Klosters Hauterive bei Fribourg in der Schweiz. Suche in der Abbildung des Kreuzganges nach Dreipässen, Vierpässen und Fünfpässen.

② Wie viele Dreipässe und Vierpässe kannst du in dem Kirchenfenster entdecken?

③ Findet in eurer Umgebung ähnliche Muster und Ornamente.

④ Zeichne einen Vierpass und beschreibe, wie du vorgehst.
Tipp: Beginne mit einem Quadrat als Hilfsfigur.

⑤ Versuche auch einen Dreipass und einen Sechspass zu zeichnen. Welche Hilfsfiguren eignen sich hierzu?

⑥ *Das sind zwei Fußbodenmosaike aus Kirchen. Überlege, wie die Muster entworfen wurden und versuche, sie möglichst genau nachzuzeichnen. Verwende Zirkel und Geodreieck.*

⑦ Pauline hat den Ausschnitt eines Fußbodenmosaiks nachgezeichnet und folgende Beschreibung aufgeschrieben.

a) Zeichne das Mosaik nach Paulines Beschreibung.

b) Setze das Mosaik zu einem Muster fort.

- Zeichne ein Quadrat mit der Seitenlänge 4 cm.
- Kennzeichne den Mittelpunkt des Quadrats und zeichne um ihn einen Kreis mit r = 2 cm.
- Zeichne nun um jede Ecke des Quadrats einen Viertelkreis mit r = 2 cm.
- Zeichne zum Schluss die kleinen Quadrate ein.

Gruppenarbeit

⑧ Erfindet ein eigenes Fußbodenmuster mit Zirkel und Geodreieck. Fertigt nur eine Fläche an, die ihr dann mehrfach kopiert. Legt die Flächen zu einem „Fußboden" zusammen.

⑨ Stellt euren „Fußboden" in einer Präsentation vor. Beschreibt dabei geometrische Formen und Farben.

1 Sprecht über die Abbildungen. Welche Bruchteile sind jeweils zu sehen?

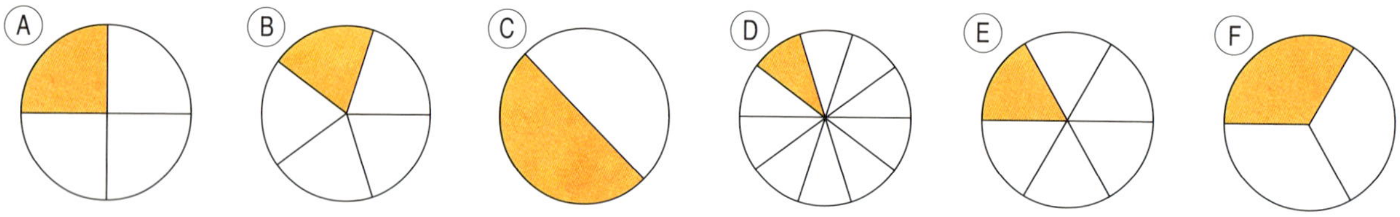

2 Die Kreise A bis F stellen ein Halbes, ein Drittel, ein Viertel, ein Fünftel, ein Sechstel und ein Zehntel dar. Welcher Name gehört zu welchem Kreis? Erkläre, wie die Namen der Bruchteile entstehen.

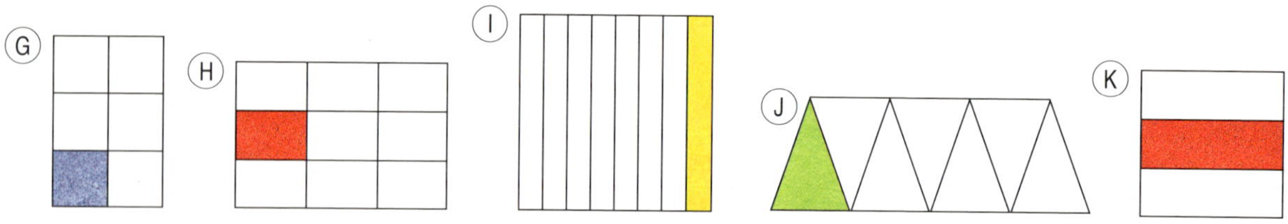

3 Schreibe die Namen der Bruchteile G bis K auf.

4 a) Schneide einen Kreis mit einem Radius von 10 cm aus und falte ihn dreimal zusammen.

b) Falte den Kreis wieder auf und schneide entlang der Faltlinien. Wie viele Bruchteile erhältst du? Wie heißt ein Teil?

5 Lege mit den Bruchteilen.

a) 2 Achtel ($\frac{2}{8}$) b) 7 Achtel ($\frac{7}{8}$)
c) 5 Achtel ($\frac{5}{8}$) d) 1 Halb ($\frac{1}{2}$)
e) 1 Viertel ($\frac{1}{4}$) f) 3 Viertel ($\frac{3}{4}$)

Partnerarbeit

6 Lege mit den Bruchteilen von zwei Kreisen verschiedene Bruchteile. Dein Partner sagt, wie die Brüche heißen.

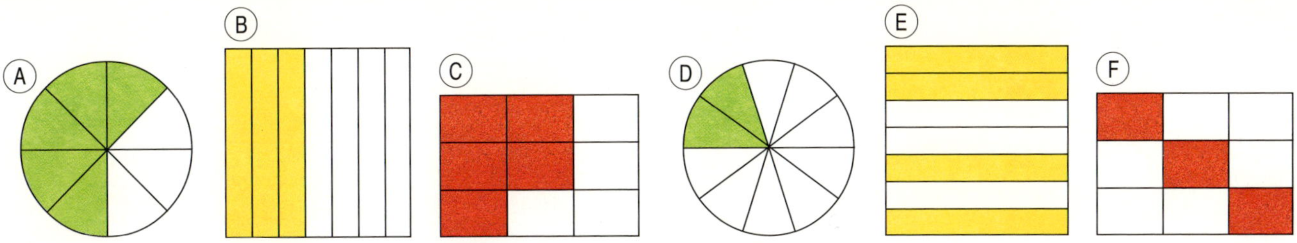

⑦ Schreibe die passenden Bruchzahlen auf.

⑧ Stelle die Brüche in Kreisen oder Rechtecken dar: a) $\frac{1}{4}$ b) $\frac{3}{4}$ c) $\frac{1}{3}$ d) $\frac{3}{6}$ e) $\frac{6}{9}$ f) $\frac{7}{10}$

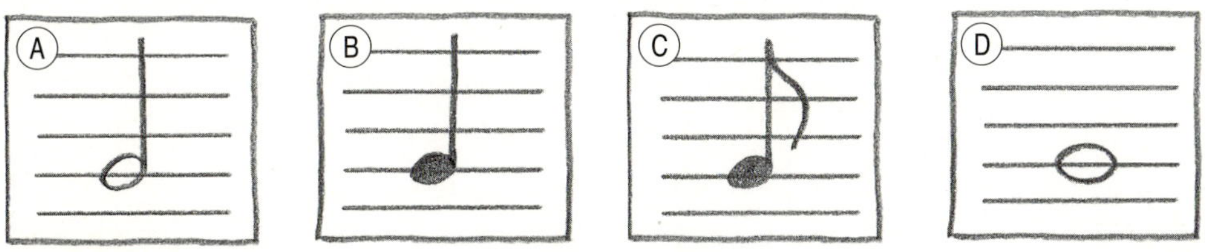

⑨ Auch in der Musik benutzt man Brüche. Welche Note ist die Ganze Note, Halbe Note, Viertelnote und Achtelnote?

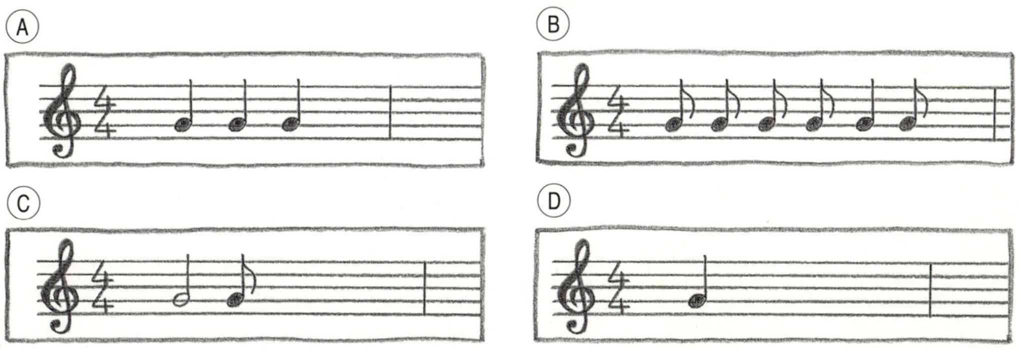

⑩ In einem 4-Vierteltakt muss der Wert aller Noten eine Ganze Note ergeben. Welche Noten fehlen jeweils?

a) $\frac{3}{8} + \frac{4}{8} =$ b) $\frac{2}{8} + \frac{6}{8} =$ c) $\frac{5}{8} + \frac{1}{8} =$ d) $\frac{1}{4} + \frac{3}{8} =$ e) $\frac{1}{4} + \frac{1}{2} =$

f) $\frac{7}{8} - \frac{2}{8} =$ g) $\frac{8}{8} - \frac{4}{8} =$ h) $\frac{6}{8} - \frac{4}{8} =$ i) $\frac{1}{2} - \frac{3}{8} =$ j) $\frac{3}{4} - \frac{1}{2} =$

⑪ Lege die Rechnungen mit den Bruchteilen des Kreises von Seite 116. Schreibe dann die Lösungen auf.

① 64 + 46 =
382 + 28 =
7 956 + 74 =
59 897 + 53 =
439 975 + 85 =

② 33 + 57 =
420 + 380 =
5 400 + 3 600 =
18 000 + 62 000 =
290 000 + 710 000 =

③ 91 – 31 =
234 – 64 =
8 619 – 59 =
95 742 – 72 =
608 027 – 97 =

④ 78 – 57 =
930 – 630 =
6 400 – 3 400 =
81 000 – 51 000 =
560 000 – 460 000 =

⑤ 480 + 370 =
690 + 150 =
530 + 280 =
340 + 590 =
170 + 760 =

⑥ 290 000 + 650 000 =
730 000 + 190 000 =
460 000 + 370 000 =
580 000 + 240 000 =
350 000 + 480 000 =

⑦ 920 – 630 =
840 – 570 =
760 – 390 =
610 – 440 =
530 – 280 =

⑧ 420 000 – 270 000 =
670 000 – 380 000 =
510 000 – 190 000 =
970 000 – 460 000 =
730 000 – 550 000 =

⑨ 34 850 + ☐ = 35 150
42 760 + ☐ = 43 240
61 590 + ☐ = 62 410
76 630 + ☐ = 77 370
59 920 + ☐ = 60 080

⑩ 84 230 – ☐ = 83 770
68 370 – ☐ = 67 630
95 180 – ☐ = 94 820
79 440 – ☐ = 78 560
50 050 – ☐ = 49 950

⑪ 123 456 + 43 =
123 456 + 343 =
123 456 + 643 =
…

⑫ 876 543 – 30 =
876 543 – 2 030 =
876 543 – 4 030 =
…

⑬ 234 000 + 116 000 =
234 000 + 114 000 =
234 000 + 112 000 =
…

⑭ 345 000 – 215 000 =
365 000 – 210 000 =
385 000 – 205 000 =
…

⑮ a) 222 000, 244 000, 266 000, …
b) 314 982, 354 982, 394 982, …
c) 999 000, 966 000, 933 000, …
d) 876 543, 856 543, 836 543, …

⑯ a) 456 700, 561 700, 558 700, 563 700, 560 700, …
b) 513 765, 543 765, 523 765, 553 765, 533 765, …
c) 987 000, 972 000, 976 000, 961 000, 965 000, …
d) 890 123, 840 123, 880 123, 830 123, 870 123, …

⑰ Bilde die Summe aus jeder der Zahlen 5 813, 76 492, 109 352, 299 087 und

a) 573 894	e) 67 291	i) 364 289
b) 419 268	f) 123 456	j) 679 852
c) 700 777	g) 286 310	k) 98 765
d) 89 653	h) 600 579	l) 809 706

Kontrolliere mit der Überschlagsrechnung.

⑱ Bilde die Differenz aus jeder der Zahlen 987 654, 800 420, 715 026, 821 402 und

a) 543 210	e) 98 765	i) 468 913
b) 609 572	f) 378 096	j) 89 009
c) 99 999	g) 659 837	k) 157 462
d) 456 789	h) 198 765	l) 203 045

Kontrolliere mit der Umkehraufgabe.

① 1 · 12 = 3 · 12 =
2 · 12 = 6 · 12 =
4 · 12 = 9 · 12 =
8 · 12 = 5 · 12 =
7 · 12 = 10 · 12 =

② 1 · 15 = 3 · 15 =
2 · 15 = 6 · 15 =
4 · 15 = 9 · 15 =
8 · 15 = 5 · 15 =
7 · 15 = 10 · 15 =

③ 1 · 13 = 3 · 13 =
2 · 13 = 6 · 13 =
4 · 13 = 9 · 13 =
8 · 13 = 5 · 13 =
7 · 13 = 10 · 13 =

④ 1 · 14 = 3 · 14 =
2 · 14 = 6 · 14 =
4 · 14 = 9 · 14 =
8 · 14 = 5 · 14 =
7 · 14 = 10 · 14 =

⑤ 39 : 3 =
45 : 3 =
51 : 3 =
42 : 3 =
57 : 3 =

⑥ 48 : 4 =
60 : 4 =
52 : 4 =
76 : 4 =
64 : 4 =

⑦ 60 : 5 =
85 : 5 =
70 : 5 =
95 : 5 =
80 : 5 =

⑧ 78 : 6 =
84 : 6 =
96 : 6 =
102 : 6 =
114 : 6 =

⑨ 84 : 7 =
98 : 7 =
112 : 7 =
91 : 7 =
133 : 7 =

⑩ 96 : 8 =
112 : 8 =
136 : 8 =
152 : 8 =
120 : 8 =

⑪ 130 · 4 =
150 · 7 =
120 · 5 =
140 · 6 =
160 · 3 =

⑫ 240 · 3 =
250 · 4 =
260 · 5 =
280 · 6 =
290 · 7 =

⑬ 6 000 · 30 =
5 000 · 70 =
3 000 · 80 =
7 000 · 40 =
4 000 · 90 =

⑭ 420 : 6 =
540 : 9 =
720 : 8 =
280 : 7 =
360 : 4 =

⑮ 3 000 : 50 =
4 500 : 90 =
6 400 : 80 =
3 200 : 40 =
2 700 : 30 =

⑯ 180 000 : 300 =
240 000 : 800 =
480 000 : 600 =
350 000 : 700 =
200 000 : 400 =

⑰ 1 · 20 =
2 · 20 =
4 · 20 =
…

⑱ 90 · 10 =
80 · 20 =
70 · 30 =
…

⑲ 7 · 200 =
7 · 250 =
7 · 300 =
…

⑳ 950 000 : 500 =
900 000 : 500 =
850 000 : 500 =
…

㉑ 120 : 20 =
240 : 40 =
480 : 80 =
…

㉒ a) 13, 26, 52, 104, …
b) 3, 9, 6, 18, 15, 45, 42, …
c) 80, 40, 160, 120, 480, …
d) 2, 4, 20, 40, 200, …

㉓ a) 960 000, 480 000, 240 000, …
b) 2 000 000, 400 000, 80 000, …
c) 3, 12, 6, 24, 12, 48, 24, …
d) 6, 2, 12, 4, 24, 8, …

㉔ Bilde das Produkt aus jeder der Zahlen 6, 9, 17, 82, 394, 518 und

a) 427	e) 963	i) 1 234
b) 358	f) 876	j) 3 075
c) 603	g) 741	k) 2 972
d) 295	h) 584	l) 4 810

Kontrolliere mit der Überschlagsrechnung.

㉕ Dividiere jede Zahl durch 6, 7, 8, 9, 12, 15.

a) 4 682	e) 53 971	i) 648 153
b) 7 523	f) 36 042	j) 987 654
c) 1 094	g) 41 993	k) 123 456
d) 3 107	h) 20 164	l) 800 765

Kontrolliere mit der Umkehraufgabe.

Würfelspiel für 4 Spieler

① Würfle und gehe die Felder von Klasse 1 (Start) nach Klasse 4 (Ziel).

Grüne Felder: Ein Partner stellt dir eine 1 · 1-Aufgabe. Löst du sie richtig, darfst du stehen bleiben, ansonsten musst du 3 Felder zurück.

Blaue Felder: Dividiere die Zahl, auf der du stehst, durch deine Würfelzahl. Hast du richtig gerechnet, darfst du um den Rest deines Ergebnisses weitergehen. Bei Rest 0 bleibst du stehen.

Rote Felder: Ziehe eine Aktionskarte.

Inhaltsverzeichnis

1. Einheit

2. Einheit

3. Einheit

4. Einheit

5. Einheit

- Zahlen und Operationen
- Raum und Form
- Muster und Strukturen
- Größen und Messen
- Daten, Häufigkeit und Wahrscheinlichkeit

Grundlage: KMK-Bildungsstandards

Inhaltsverzeichnis (Fortsetzung)

6. Einheit

7. Einheit

8. Einheit

Forscherseiten und Rechentraining

- Zahlen und Operationen
- Raum und Form
- Muster und Strukturen
- Größen und Messen
- Daten, Häufigkeit und Wahrscheinlichkeit

Grundlage: KMK-Bildungsstandards